JN016539

はじめに

江戸時代に越後で書かれた農書『粒々辛苦録』（文化2年＝西暦1805年）の中に、こんな記述があります。

「田の草取りは男も女もする。三番草を取る時期は夏の土用にかかるので炎天下の作業となり、上から火であぶられるように暑く、田の水は湯のようにわきかえってむせぶような心地がする。稲の葉のふちは、のこぎりの刃のようにぎざぎざしており、顔や手に傷がついて痛む。蛭にかまれて足は血だらけになる」

（弊会刊『日本農書全集』第25巻「粒々辛苦録」の現代語訳より）

近代以降も、「農業は雑草との戦い」と言われてきました。戦後、除草剤の導入により除草の作業時間は激減しましたが、それでもなお、除草剤を使わない草刈り・草取りへの関心は高く、農家のあくなき探求により、さまざまな新しい工夫が生まれてきました。それをまとめたのが本書です。

好評既刊『農家が教える ラクラク草刈り・草取り術』（『現代農業』2012年10月別冊、翌年書籍化）では、各地の農家によるラクで効果的な刈り払い機・アイデア除草機の使いこなし術をご紹介しました。しかし、その後、農家の世代交代と大規模化・高齢化が大きく進む中、もっと基本的な知識と技術の共有や、機械利用などによるさらなる軽労化が切実に求められています。

そこで本書では、刈り払い機のきほん、モア（刈り払い機以外の草刈り機）や鎌の種類と使い方、大規模化に対応したチェーン除草機、ニワトリ・火力・太陽熱・米ヌカによる除草を収録しました。松葉ぼうきで手づくりできる高速株間除草機「ホウキング」、小板にピアノ線を張った簡素な造りの田んぼの初期除草機「中野式除草機」など、新しいアイデア除草機も盛りだくさんです。

きほんを知り、工夫を重ね、「もっとラクに」を追求したら、危険でつらかった作業が安全で楽しい作業になる！　そんな草刈り・草取りのコツと裏ワザを1冊にまとめました。お役に立てば幸いです。

2020年4月

一般社団法人　**農山漁村文化協会**

目次

モアでラクに

草刈り鎌でラクに

III 畑の草取り、定番道具と裏ワザ

農家が惚れる　定番草取り道具

便利でラクなアイデア除草

ニワトリで除草

火力で除草

IV 田んぼの草取り、ラクするアイデア

＊執筆者・取材先の情報（肩書、所属など）は『現代農業』掲載時のもの（敬称略）
＊動力を使わない「除草器」でも、チェーン除草機などは慣用表記の「除草機」とした

I

刈り払い機のきほんと工夫

刈り払い機のしくみ

刈り払い機

農家がよく使っているのは排気量23cc、26cc、30ccの3タイプ。パワフルな30ccは山林などでも使われる

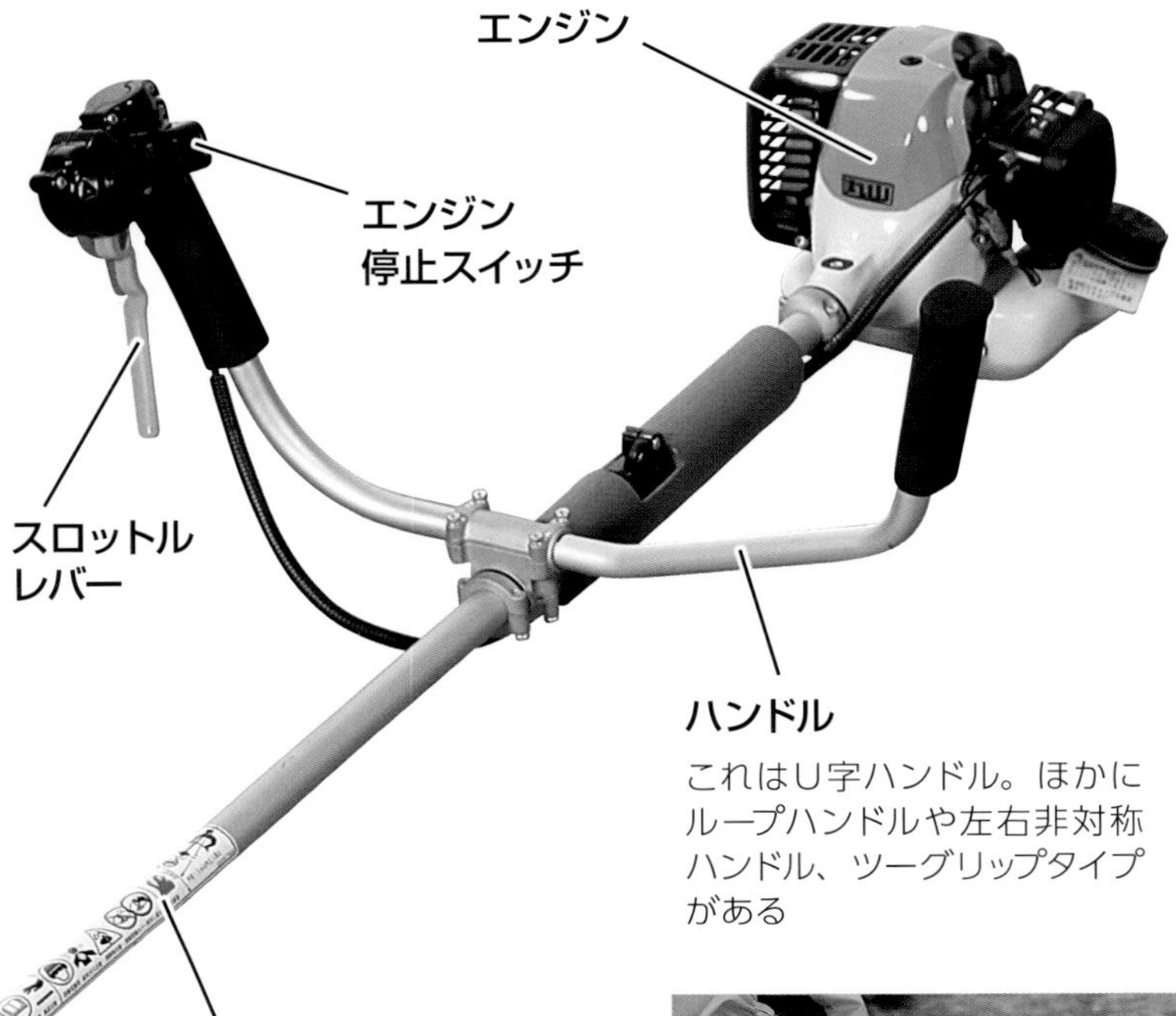

刈り払い機のエンジンは2サイクルが多い。燃料はガソリンにエンジンオイルを混ぜた混合燃料（混合燃料になった状態で市販されているものもある）

刈り刃の取り付けネジは左ネジ。チップが欠けていないか、手で回してみてゆがみがないかをときどきチェックし、問題があったら早めに交換する

協力：㈱丸山製作所
撮影：倉持正実（＊以外）

刈り刃のタイプ

●チップソー

超硬チップが付いており、切れ味が落ちにくい。一般的な雑草刈り用、立ち木や竹なども切れるタイプなど、用途ごとにいろいろなチップソーがある。立ち木や竹でも切れる強力な刃はアサリが付けてある（刃がチドリになっている）。

チップソーの名前の由来にもなっている超硬チップの付け方には大きく分けて2通り（図）。雑草刈り用はAのような埋め込みタイプが多い。衝撃に強く、チップが飛びにくいのが利点。Bのタイプは切れ味が優れており、山林下刈り用などに取り入れられている。

チップの付き方の２タイプ

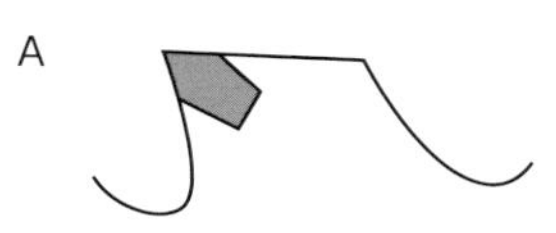

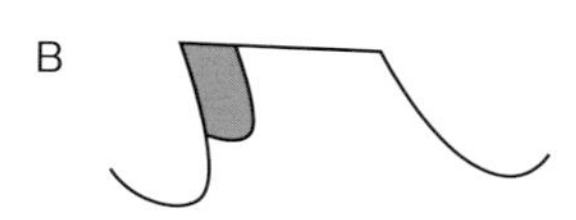

● 8 枚刃（切り込み刃。詳しくは 24 ページ～）

切れ味が落ちやすいが、刃を研げば長く使える。チップソーが登場する前は草刈りの主役だった。12枚羽や４枚刃、3枚刃、２枚刃もある。

（*赤松富仁撮影）

●ナイロンカッター（詳しくは 33 ページ～）

ナイロンコードを高速回転させて草を叩き切る。コードの断面が丸いもの、四角いものやコード全体がスパイラル状（ねじれた形状）のものなどいろいろある。丸いものは耐久性に優れ、四角いものは切れ味の点で優れているという。スパイラル状のものは、回転時の騒音を減らす効果があるとのこと。

なお、ナイロンコードはエンジンにかかる負荷がチップソーより大きいので、排気量が大きい（26cc以上）刈り払い機に取り付けて使う。

断面が四角いタイプのナイロンコード

ほかにも笹刃（刃が30枚程度付いていてササでもスパッと切れる。笹刈り刃、笹切り刃ともいう。詳しくは31ページ）、丸のこ刃（ノコギリのような刃が80枚くらい付いていて、ある程度太い立ち木や枝でも切ることができる。耕作放棄地や山林向け）などがある。

ギアケース

この向きで回る

飛散防護カバー

矢印（←）のマークより前に付ける

『現代農業』2016年７月号

エンジンのかけ方

エンジンを始動するときは、必ず刈り刃が地面から浮いた状態で。
万一、刃が回転しても刈り払い機が動かないようにするため。

リコイルスタータを引いている様子

エンジン始動の手順

①プライミングポンプをペコペコ押して、燃料タンクから燃料を吸い上げる。キュッキュッという乾いた空気の音が鳴らなくなるまで。
②チョークレバーを「閉じる」位置にして、リコイルスタータを引く。エンジンがブルーンと始動しかかる音（初爆）がしたらOK。
③チョークレバーを「開く」位置にして、再びリコイルスタータを引くとエンジンがかかる。

注）初爆が聞こえない場合でも、リコイルスタータを5～6回引いたら「開く」位置に。チョークを閉じたまま繰り返し引くと、エンジンに燃料が行きすぎてかえって始動しにくくなる。

エンジン停止スイッチ
機械によっては本体側に付いている

スロットルレバー
握ると刈り刃が回転

チョークレバー　写真は開いた状態

刈り方のきほん

●服装
・長袖・長ズボンで肌を露出しない
・帽子かヘルメット、丈夫な手袋、丈夫で滑りにくい靴を着用
・ゴーグルなどで目を守る
・長時間の作業では耳栓を用意

●刈り刃の当て方
・草に当てるのは、刈り刃の左上3分の1のみ（右上で刈ると、硬いものに刃が当たったときに強く跳ね返される「キックバック」が起きて危険）
・作業者から見て、体の正面かやや右から、左へ振るようにして刈る（右に戻すときは刈らない）

●足の運び方
常に右足を前に出すようにして、すり足で進む（刈り払い機は体の左側に振るようにして使うので、左足を前に出すと刈り刃に近づいて危険）

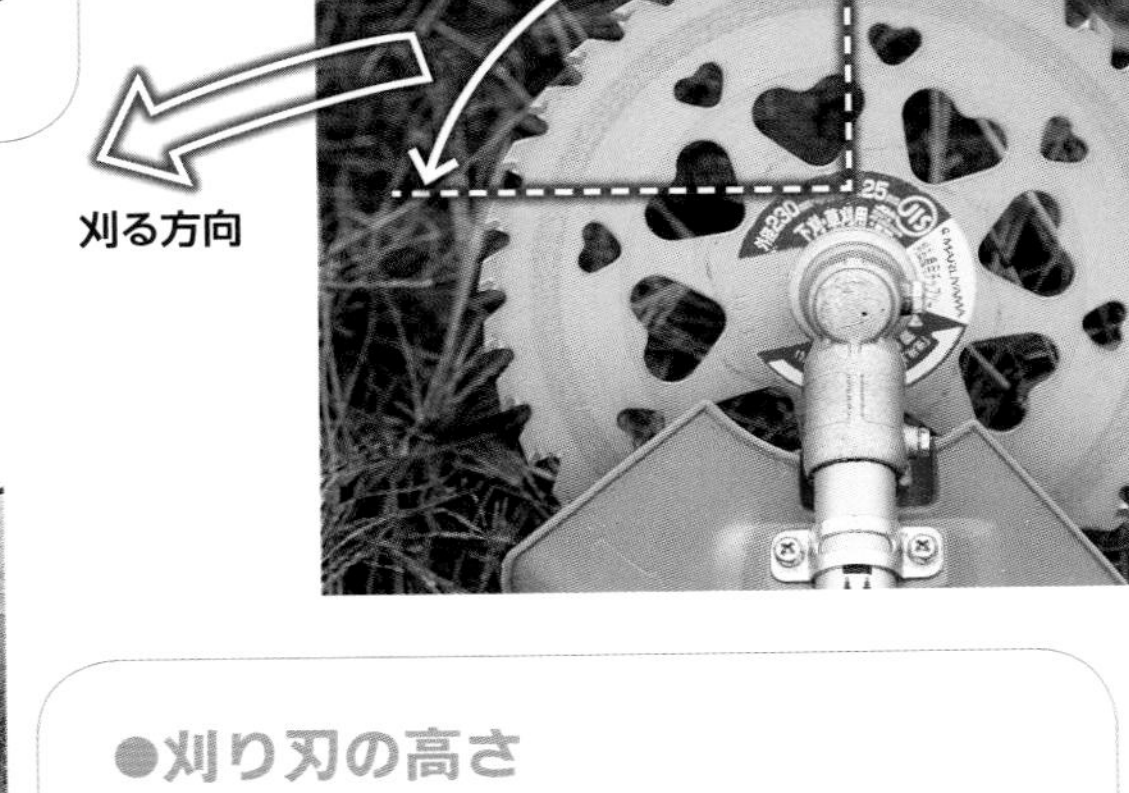

●刈り刃の高さ
自然に構えたときに、刈り刃が地面から10㎝くらい浮くよう肩掛けベルトを調整

シーズン終了時にすること

草刈りシーズンが終わって、春まで使わないときは必ず燃料を抜いておく。

燃料の抜き方の手順

①タンクに残っている燃料を燃料缶に空ける。

②プライミングポンプを乾いた音に変わるまで押して、キャブレターに残った燃料をタンクに戻す。もう一度タンクを傾けると、戻った燃料がチョロチョロ出てくる。

③念のためエンジンをかけてみて、残っている燃料を燃やし尽くす（リコイルスタータを何度か引いてもエンジンがかからなければ、それでOK)。

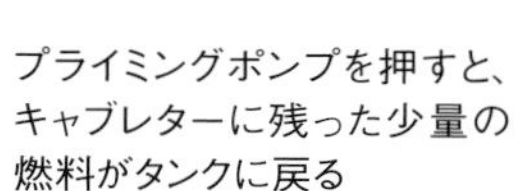
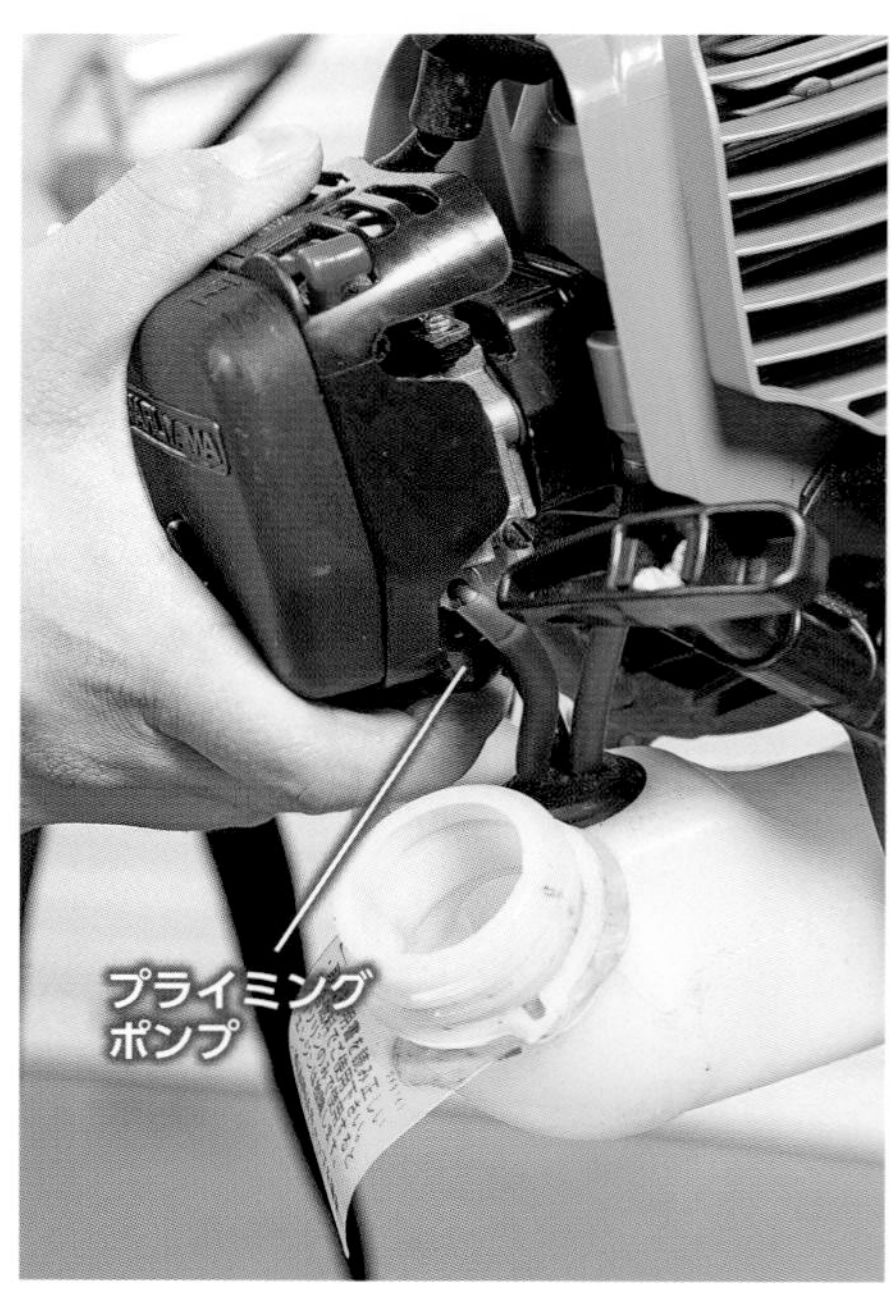

プライミングポンプを押すと、キャブレターに残った少量の燃料がタンクに戻る

『現代農業』2016年7月号

安全作業のポイント

刈り払い機講習会より

この日、千葉県山武市での講習会に集まったのは、草刈り20年以上のベテラン母ちゃんから、まったくの初心者まで女性5人。講師は㈱丸山製作所の木村拓実さん（キムタク！）。
（写真はすべて倉持正実撮影）

刈り払い機は、なかなか人に教わる機会がなくて、見よう見まねで覚えたという方が多いですよね。今日は安全ポイントをお伝えしますので、よろしくお願いします

安全ポイント 1　作業前に危ないものを拾っておく

ではまず、それぞれ自分のコースをひと通り歩いて、空き缶や硬い木、絡まりそうなヒモなど落ちているものを拾ってみてください。ついでに「ここに少し窪みがあるな」など把握できるので、事前のゴミ拾いは大事です

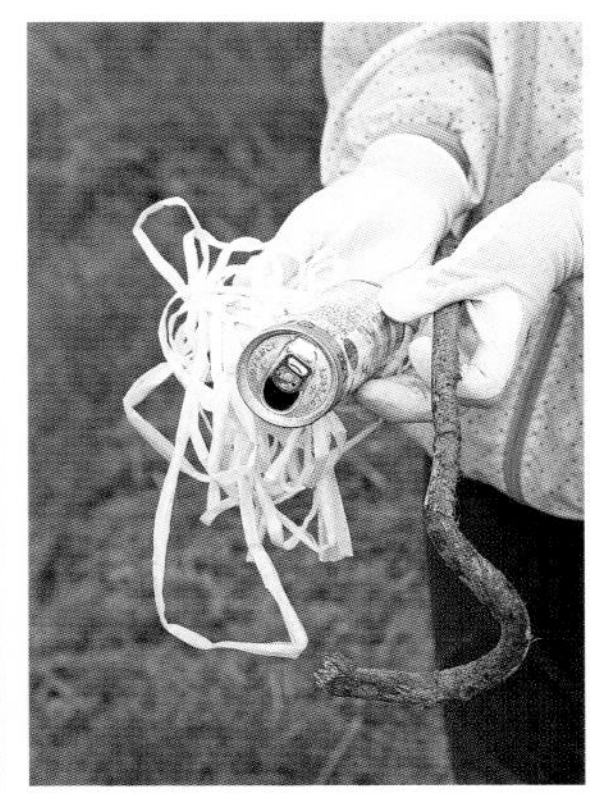

安全ポイント 2　右足が前、左足はすり足

まずはエンジンかけずにエアー草刈りです。みなさん、ふだんどうやって刈ってますか？

ああ……残念ながら正しい刈り方の人は一人もいませんねぇ。まず足。右手を前に出すので左足を出して進みたいところなんですが、これが危険。刈り刃がグルッとまわってきたときに当たってしまいます

そうそう。まず右足を前に出し、刈り刃を左に振ったら、すり足で左足を右足に揃えます

作業者どうしは5m以上離れる

草刈りに夢中になると、まわりが見えなくなりがちですからね

安全ポイント 4

声をかけるときは？

エンジン音がスゴイなか、「お昼だよ〜」って声をかけるときどうします？　やってみてください

後ろからそっと近づいて肩をポン

じつは、それじゃダメなんですね。「な〜に？」って振り返ったときに、刃も一緒に後ろに振り回されちゃうかも

大きく前に回って合図する、これが正解です

『現代農業』2016年1月号

自分でやろう

刈り払い機のチェック・メンテナンス

長野県高森町●松澤 努

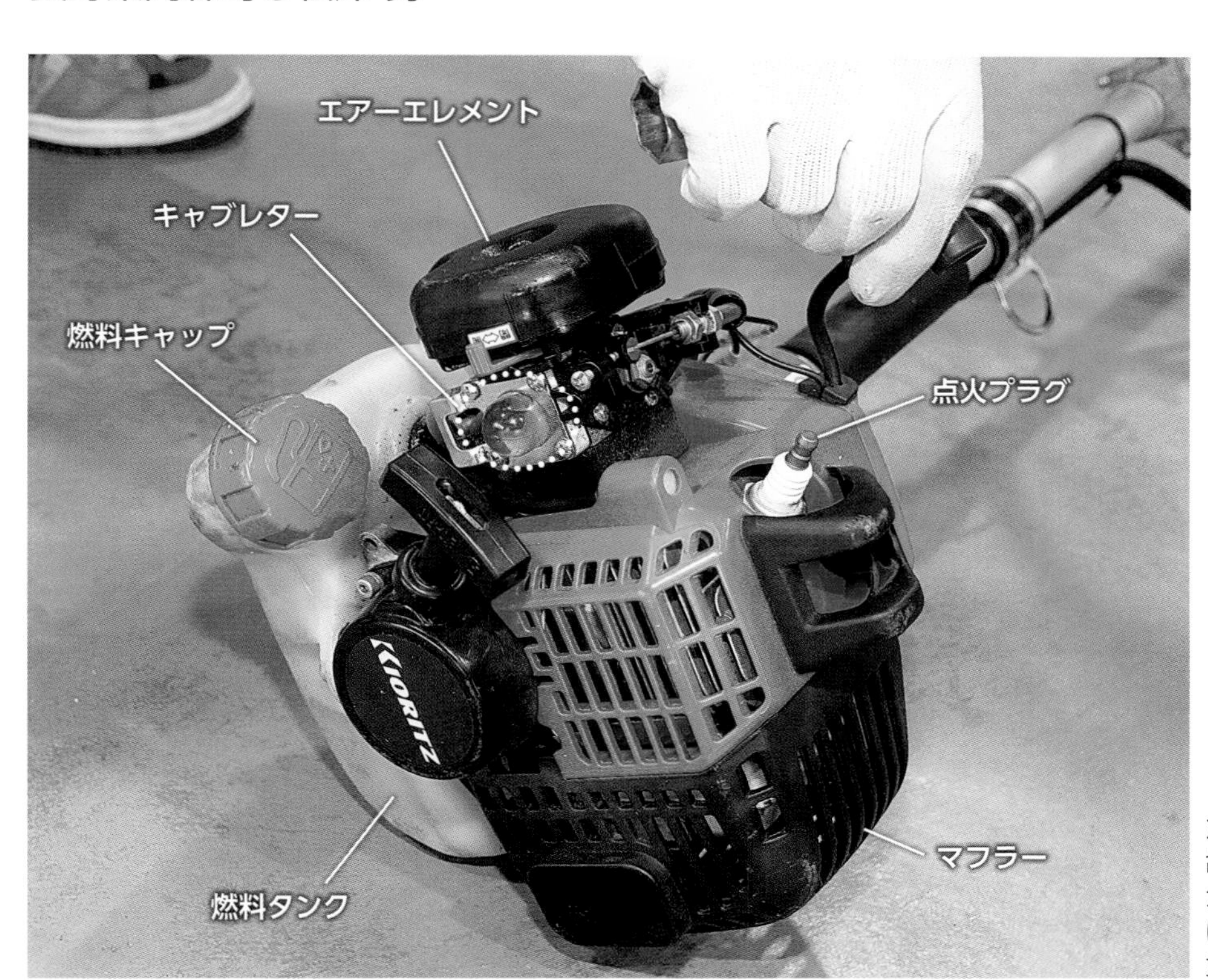

刈り払い機の動力部。故障を防いで性能を最大限に発揮するためには、日頃の点検整備が重要だ（依田賢吾撮影）

長年、農機の販売と修理に携わり、農機の扱いにはとっても詳しい農機具屋・松澤さんが、刈り払い機の点検整備のポイントを教えてくれた。

エンジンがかからないときの対処

草刈りの季節。納屋から刈り払い機を出してきたら、最初にやるのは燃料の確認です。もしも昨年から古い燃料を入れっぱなしならエンジントラブルのもと。すぐに捨てて新しい燃料を入れ直します。さて、燃料は入れたがやっぱりエンジンがかからない。その理由はたくさん考えられます。農機具屋にみてもらうのが手っ取り早いですが、自分でできる点検整備もあるので、まずはやってみましょう。

●点火プラグ

点火プラグをエンジンから外して、先端を確認し、黒く汚れているようならワイヤーブラシで掃除します。汚れがひどいようなら交換しましょう。金属にプラグ先端を付けた状態でリコイルスタータを引っ張って火花が出るかも確認しましょう。

●エアーエレメント

空気をエンジン内部に取り込む際、ホコリやゴミを濾過する部品にホコリが詰まっていたりすると、エンジンが力を出せません。とくにナイロンカッターを使うとゴミが詰まりやすいので、定期的に掃除するとよいでしょう。コンプレッサーで吹き飛ばすか、食器用洗剤で洗うときれいになります。

●マフラー

最近の機種は排ガス規制のため、マフラーの構造が複雑になり、ススがこびりついて詰まりやすい。その場合は、エンジンからマフラーを取り外し、カセットコンロか簡易バーナーで煙が出なくなるまで一度全体を焼きます。その後、燃えカスをコンプレッサーで吹き飛ばすか、ペンチでマフラーをはさんで持って軽く叩いて落としてきれいにします。

マフラーを掃除したときは、ついでにエンジン側の出口も確認して、ススが詰まっているようならマイナスドライバーなどでかき出して掃除すると、なおよいでしょう。

これらを試してダメなら、農機具屋に相談することをおすすめします。

自分でできるメンテナンス

日頃の点検整備で、機械の好調が持続し、快適作業につながります。

●燃料フィルター

燃料フィルターが汚れると燃料の吸い上がりが悪くなり、刈り払い機の性能が落ちます。

掃除をするときは、まず燃料キャップを外して、先端を曲げた針金を燃料タンクの中に入れ、燃料ホースに引っかけて取り出します。燃料ホースに付いている燃料フィルターを外し、コンプレッサーでゴミを吹き飛ばします。もし、燃料の劣化したガム状の物が付いているようなら交換しましょう。

●冷却ファン

キャブレターとエアーエレメントの奥に、エンジン冷却用の空気の取り入れ口があり、網がついています。ここにホコリやゴミなどが詰まっているとエンジンがよく働きません。エンジンが焼きつくこともあります。コンプレッサーで吹き飛ばすか、歯ブラシで掃除してゴミを取り除きます。

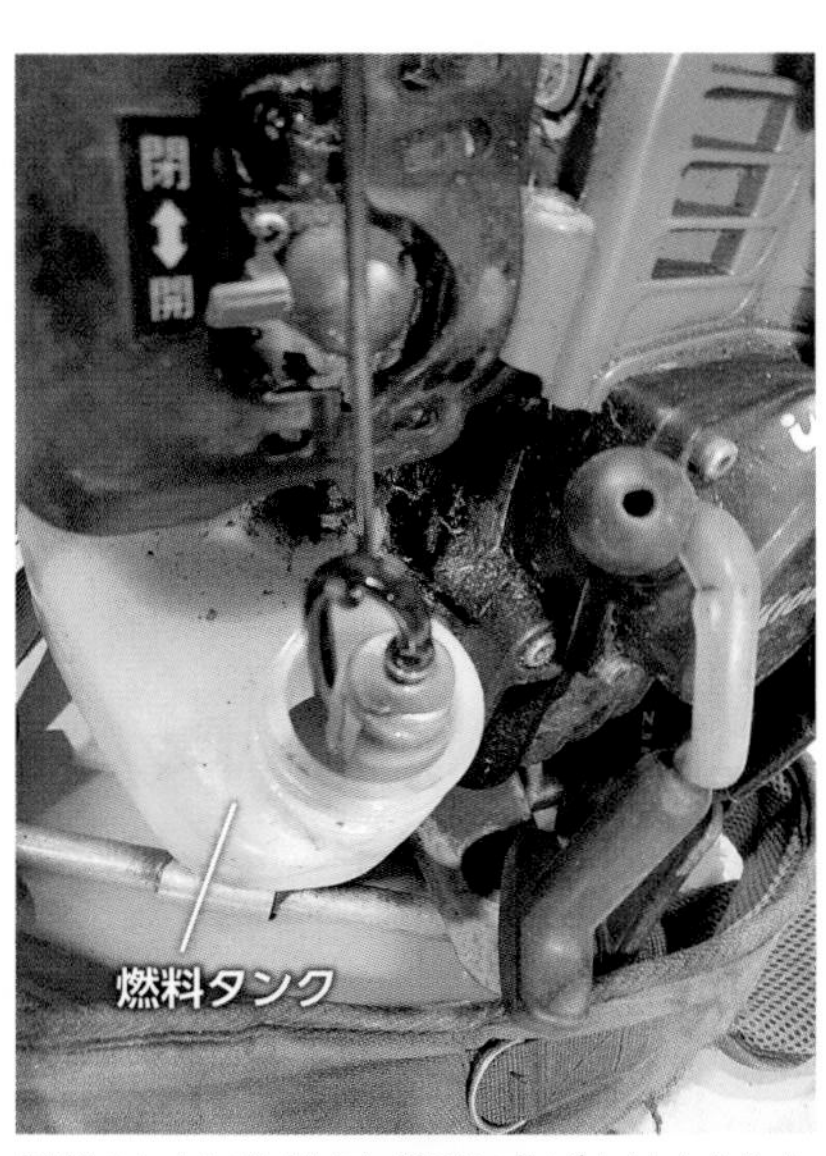

燃料タンクに先端をかぎ形に曲げた針金を入れて燃料ホースを取り出す

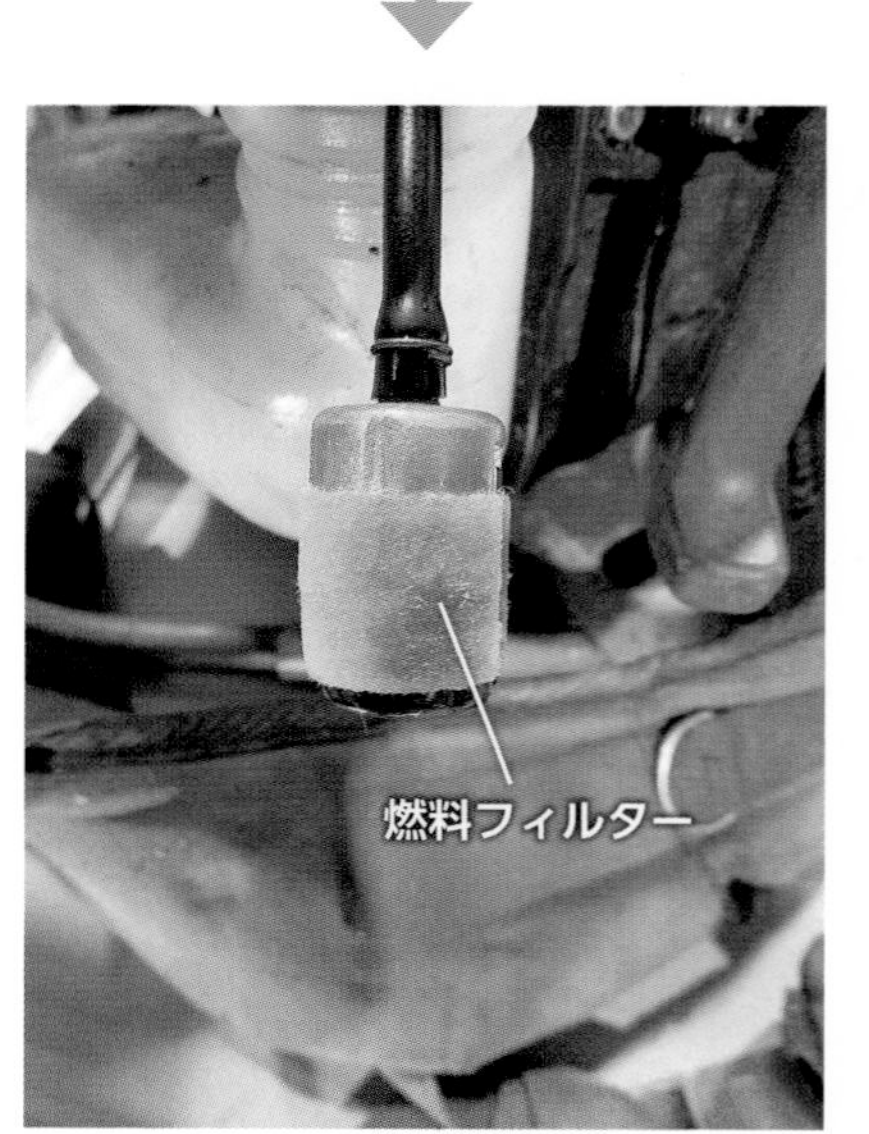

燃料ホースについている燃料フィルター。写真のように黒く汚れてくる。コンプレッサーでゴミを吹き飛ばして掃除することで燃料の吸い上げがよくなる

●ギヤケース

刈り払い機の先端にあり、刃の回転の負荷を多く受けます。よく使う方は1年に1回はグリスを注入しましょう。専用の耐熱グリスを使うのがおすすめです。

●刃押さえ金具と左ボルトの点検

刃を固定する刃押さえ金具がギヤケースの上下についています。上の刃押さえ金具を外して隙間にからまった草やゴミがあれば取り除きます。

地面に接する下側の刃押さえ金具が摩耗していないかも確認します。ボルトガードも兼ねているので、摩耗するとボルトもすり減ってしまい、刃の交換ができなくなったり、刃をしっかり締め付けられなくなったりします。ボルトが刃押さえ金具の中に納まっている状態が基本なので、ボルトと同じ高さまですり減ってきたら交換の目安です。

刃押さえ金具
ボルト

地面に接する刃押さえ金具は次第にすり減って摩耗する。写真のようにボルトが横から見えるほど摩耗しているようなら即交換を

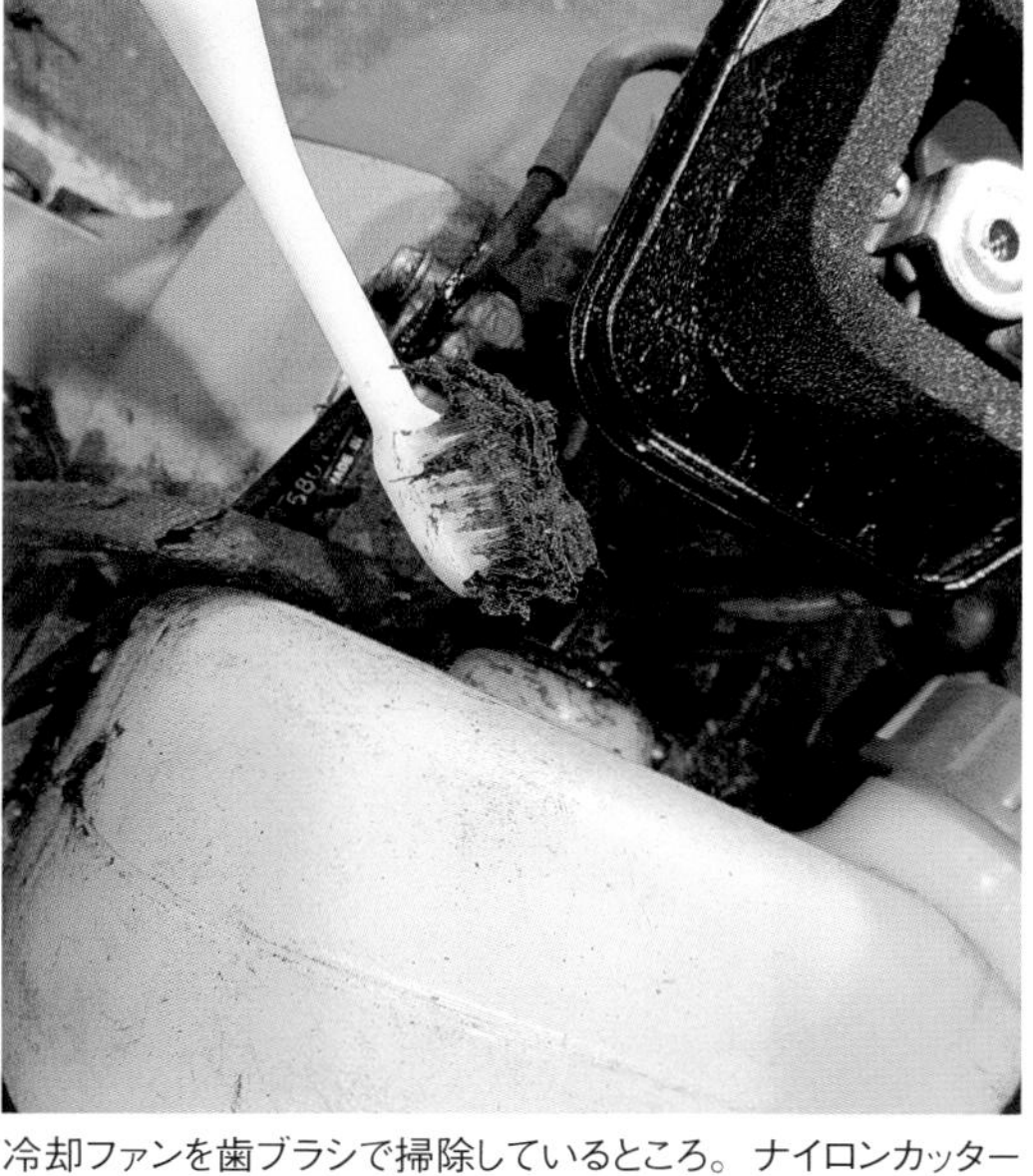

冷却ファンを歯ブラシで掃除しているところ。ナイロンカッターを使うとゴミが詰まりやすいので小まめに掃除するとよい

最近の刈り払い機の点検整備

より安全でクリーンな機種が増えています。かわりに、点検整備で知っておきたいポイントもあります。

●燃料は50対1

最近の刈り払い機は、排気ガスの排出を減らすため、マフラーに触媒装置が付いています。そのぶん詰まりやすいので、適した燃料を使うことが大切です。

まず、混合燃料は25対1ではなく、50対1がおすすめです。また、オイルにはJASO規格というグレードがあります。グレードがFCかFDのオイルを選びましょう。これより低いグレードのオイルを使うと、マフラーが詰まったり、エンジンの力が出なかったり、始動しにくかったりとよいことがありません。25対1用のオイルで50対1の混合燃料をつくるのも避けます。

混合燃料は劣化しやすいので使用する分だけつくるのが基本です。もし余ったら、缶の容器に保管して1カ月以内をメドに使いきりましょう。

●キャブレターの調整ができない

エンジンのパワーを上げるため、キャブレターに送り込む燃料の量を調整する方がいますが、最近は調整ができない機種が増えています。そうした調整ができないぶん、燃料や点火プラグ、各種フィルターの点検整備に努め、よい状態で使うことがより重要になっているといえます。

（『現代農業』２０１８年７月号）

刈り刃を使いこなす

教えてDr.コトー チップソーのきほんの

JA糸島アグリ●古藤俊二さん

世にあまた出回る刈り払い機のチップソー。いったい、どれを買えばいいのか。福岡県のJA糸島アグリ（糸島農協の営農資材センター）の店長、古藤俊二さんに教えてもらった――。

古藤俊二さんと「アグリオリジナルチップソー」（すべて赤松富仁撮影）

――さっそくですが、どれが一番売れますか？

チップソー選びは二極化してきた

アグリには20種類くらいのチップソーを取り揃えてます。８枚刃も置いてますが、だんだん売れなくなってきました。チップソーばっかりですね。

値段はピンキリで、最近、農家のチップソー選びは完全に二極化してきました。ホームセンターで安い３ケタ（１０００円未満）の商品を買って使い捨てるか、少し高いチップソーを長く使い続けるか。４ケタ派はちゃんとチップを研いで使います。チップソーも、ダイヤモンドのヤスリを使えばちゃんと研げます。サンダー（回転工具）を使えば時間もかからない。

うちも一応６９９円の３ケタチップソーを置いてますが、個人的には少し高くても、性能のいいチップソーを長く使ったほうが作業効率はよくて、長い目で見れば経済的だと思います。

「アグリオリジナルチップソー」が人気

刈り払い機での草刈りって危険が伴いますよね。だから農家も安全性を強く意識していて、うちではまず、国産表記のチップソーがよく売れます。

なかでも「アグリオリジナルチップソー」は人気です。その名の通り、当店オリジナルの一品です。これは、とにかくチップが飛びにくいのが自慢。

チップソーの命は、先端に付いてるチップです。この金属片で草を叩き切るわけですから、チップがなければ、チップソーなんて単なる円盤ですよ。だからオリジナルチップソーは、チップを本体（円盤）にくっつける銀ロウの純度を一般的な商品よ

刈り払い機のチップソー

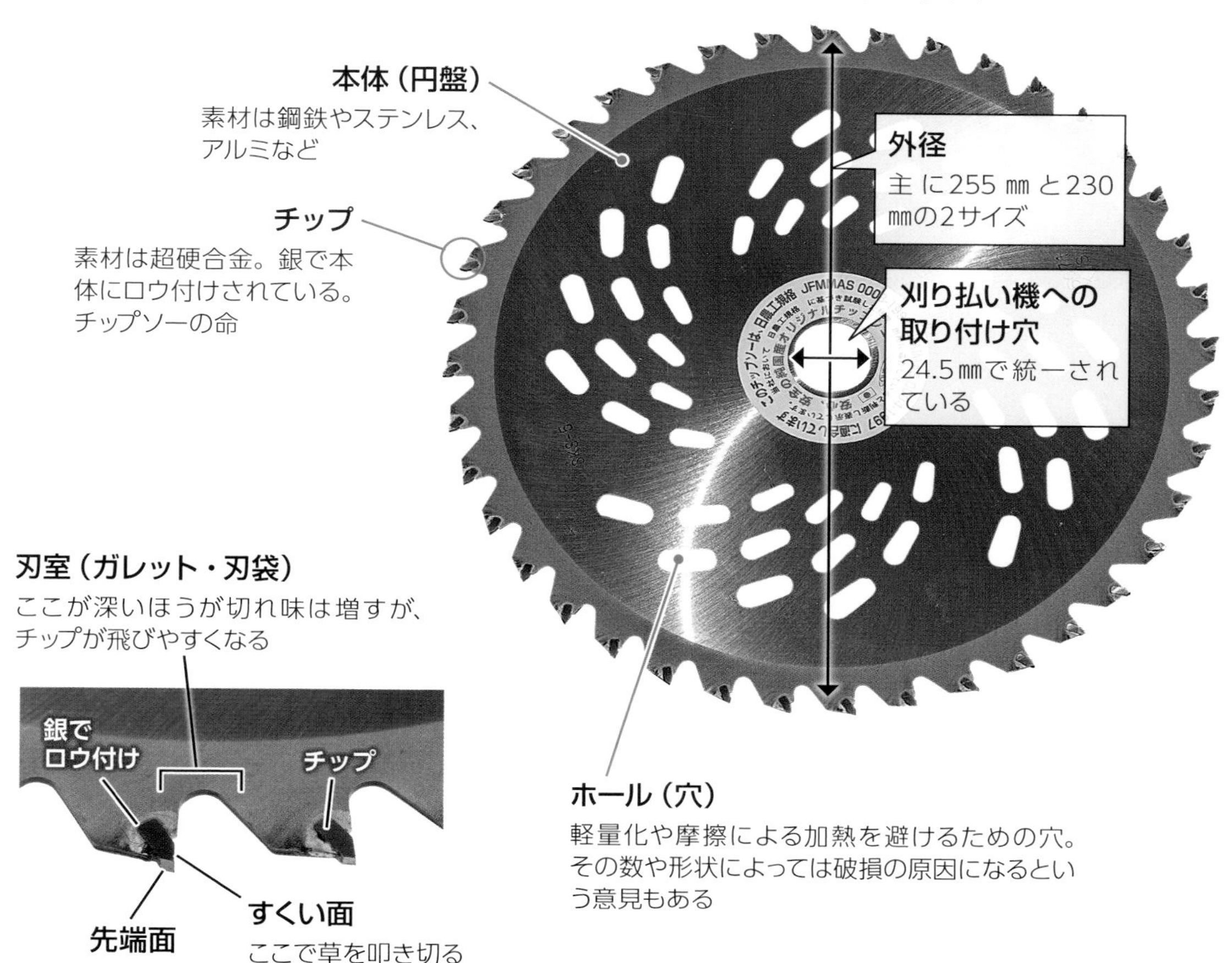

りも高くしているんです。その分1枚3579円（税込み）と高価な部類に入りますが、おかげさまで売れています。皆さん、研ぎながら2シーズンは使ってますよ。

――大事なのはチップなんですね

チップを守るため各社工夫している

そうです。チップソーのチップには、主に「タングステンカーバイト」という超硬合金が使われてます。非常に硬い素材ですが、長く使っていれば摩耗して切れ味が落ちたり、石に当たったときに欠けたり飛んじゃったりします。

チップが飛んだら危ないし、さっきもいったように、チップがなければ役立たずです。残ったチップで刈れないこともないんですが、重さのバランスが崩れて、刈り払い機の震動が大きくなったりします。多くの農家が経験していると思いますが、チップが飛んだ状態での草刈りは、とても疲れます。

そこでメーカーは、チップが飛ばないよう各社工夫を凝らしています。よく見ると、チップの付け方に違いがありますよね（次ページ図1）。

付け方が単純で本体との接地面が小さいタイプは、チップが飛びやすい。逆に、

図１　チップの埋め込み方

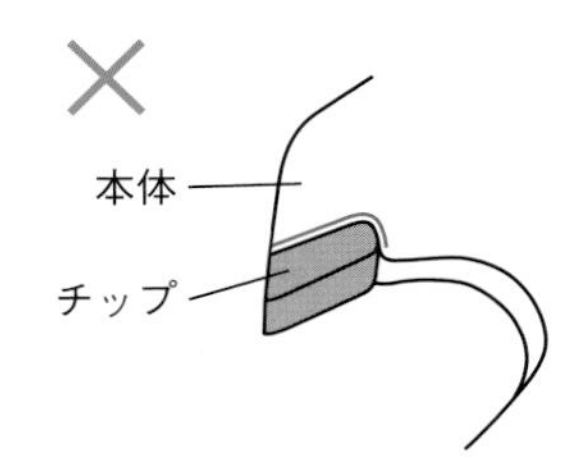

右2つの写真のように、チップと本体の接地面が多いタイプのほうが、チップが飛びにくい

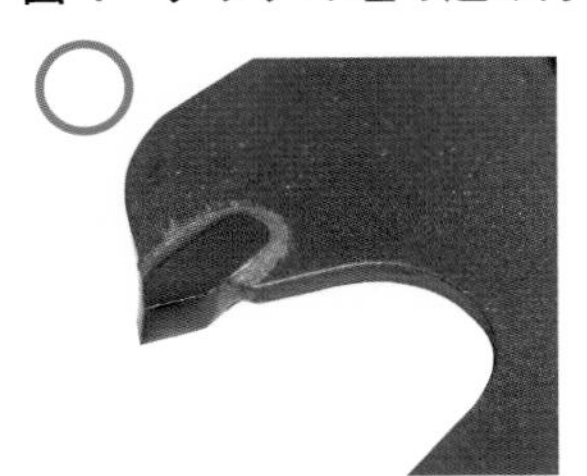

チップを斜めに埋め込んでいる

チップの根元を埋め込んで接地面を増やしている

図２　チップの付き方は３種類

片刃
刃の向きが同じ

チップ

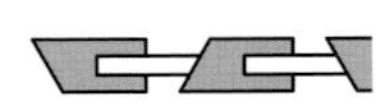

本体（円盤）

草用

両刃
刃の向きが交互

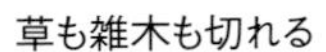

草も雑木も切れる

千鳥羽
刃が互い違いにせり出している

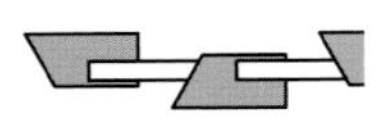

竹なども切れる

立てたチップソーを上から見たところ

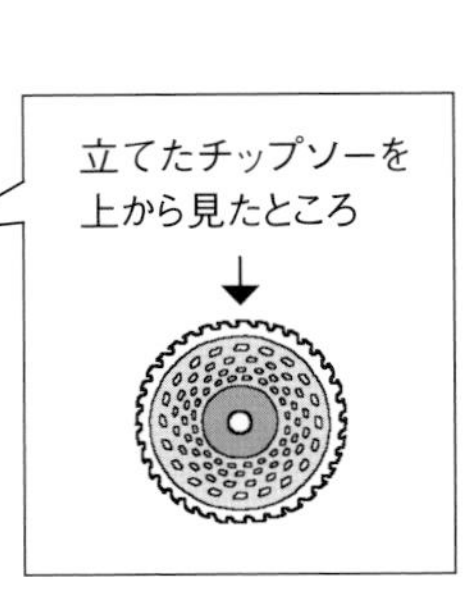

チップが斜めに食い込むようにしっかり埋め込まれているタイプは飛びにくい。アグリオリジナルチップソーは、SU型と呼ばれる斜め埋め込み型なので頑丈です。

チップが多いほうが切れる

商品によって付いているチップの数も違います。草刈りに使われるのはチップの数が32個、36個、40個、60個の、だいたい4タイプ。それぞれ32P、36Pなどと表記してあります。

数が多いほどチップがたくさん当たるので、草が切れやすいといえます。その分、値段は少し上がりますけどね。60Pは山の下草刈りなどで使われるチップソーです。ガラス繊維のような竹でも、切り口が割れずにスパッときれいに切れます。

山で使われるチップソーは、チップの刃の向きにも違いがありますね（図２）。

――買ったチップソーが自分の刈り払い機に取り付けられない、なんてことはないんですか？

小型の刈り払い機は外径２３０㎜を選ぶ

チップソーを刈り払い機に取り付ける穴は25・4㎜径で統一されているので、基本的にどれでも大丈夫です。ただし、持っている刈り払い機が小さいと、大きなチップソーが使えない場合があります。

チップソーには、２つのサイズがあります。外径２５５㎜（10インチ）と２３０㎜（9インチ）。ホームセンターなどにはもっと小さなサイズもありますが、よく使われるのはこの２つ。そのどちらかを、自分が持っている刈り払い機の能力（出力の大きさ）に合わせて選ぶんです。

外径２５５㎜の大きいタイプは排気量26cc以上の刈り払い機で使います。背負い式の場合はこっちですね。排気量がそれ未満の刈り払い機の場合は、外径２３０㎜の小さいタイプを選びます。

大きなチップソーを小さな刈り払い機で回そうとすると、一応ちゃんと回るんです

図３　小型の刈り払い機には230㎜以下のチップソーを選ぶ

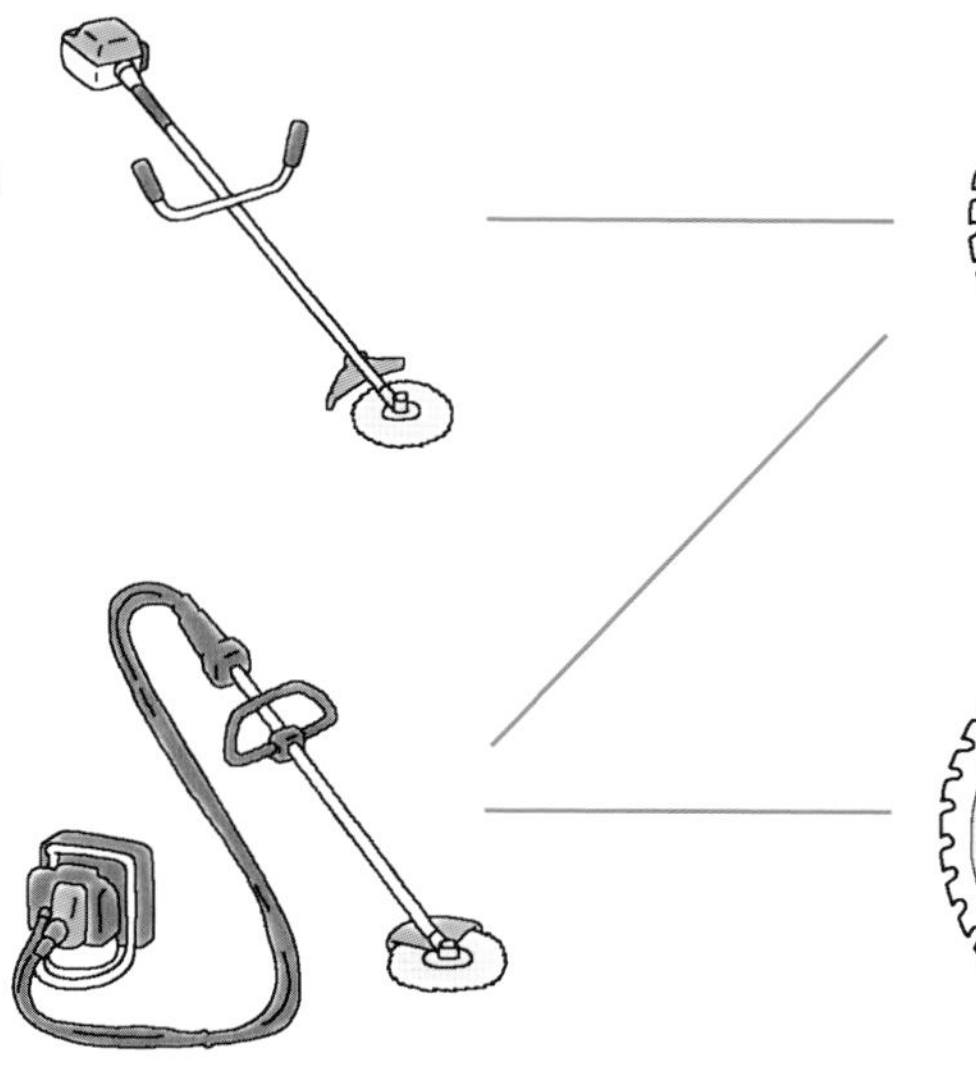

が、回転不足で草がすぐ絡まっちゃうんです。仕事になりません。また、多くの刈り払い機には、その大きさに合った安全カバー（飛散防護カバー）が付いていて、小さな刈り払い機の場合、外径255㎜のチップソーだと、そもそもカバーからはみ出たりします。

やっぱり8枚刃も捨てがたい

チップソーの話ばかりしましたが、じつは昔ながらの8枚刃も捨てがたいんですよね。例えば果樹農家は8枚刃をまだまだ愛用してます。

なんといっても切れ味がいい。チップソーに比べれば重い、切れ味が早く落ちるなどデメリットもありますが、研ぎやすく、チップが飛んで使えなくなることもない。そして、スパッと切れるからなのか、刈った草がなかなか再生してこないんですよ。これは比べてみればよくわかる。8枚刃は言うなれば日本刀。一方のチップソーや歩行式のハンマーナイフモアは叩き切る道具。その違いなのか、切り口が一番荒いハンマーナイフモアでは、刈ったはずの雑草がすぐにまた再生してきちゃうんです。

8枚刃は40分も作業すれば切れ味が鈍ってきますが、それも考えようだと思います。その都度刃を取り替えたり、研ぎ直したり。それは面倒かもしれませんが、40分おきの休憩だと思えば、いいリズムで草刈りが進められるわけです。

安全重視ならナイロンカッター

うちでは、地域性もあるのか、ナイロンカッターはあまり売れません。8枚刃やチップソーと比べると、切れ味がどうしてもいま一つ。硬い草、長い草も切れない。だからプロ農家は使わないんですよね。

ただし、キックバックして足を切ったり、（石飛びはあるけど）砕けた石が無数に飛んだりするようなことはないので、「出方」という公共の草刈りのとき、とくに子供が参加するときは出番があります。

最近はチップソーでも、石飛びを減らす工夫を凝らした形状の商品が売られていて、そういったのも人気ですよ。（談）

（『現代農業』２０１８年７月号）

◆単行本『ドクター古藤の家庭菜園診療所』が好評発売中です（１５００円＋税）

造園屋の親方に教わった

疲れずスパスパ切れるチップソーの使い方

大阪府能勢町●伊藤雄大

草刈りも頼られると嬉しい

初夏になると、草刈りのことで頭がいっぱいになります。こっちの畑を刈れば、あっちの畑の草が伸び、油断すると庭の草がボーボー。2016年の春に東京から能勢町に引っ越してきて以来、冬以外はずっと草刈りをしている気がします。大変だけど、私は草刈り、けっこう好きです。

草刈りの仕方を教えてくれたのは、ついこのあいだまで勤めていた造園屋さんの親方や先輩たちでした。夏の仕事は町道の草刈りがメイン。時には背丈以上のカヤが生い茂る川の中、崖だか斜面だかわからないような法面など、一筋縄ではいかない現場も多く、たいへん鍛えられました。

草刈りそのものだけではなく、草刈りを通して、エンジン式機械の使い方や、そのメンテナンスの仕方、体のラクな使い方など、田舎で暮らすうえで必要なことを覚えるきっかけにもなりました。やがて、親戚にも草刈りを頼まれるようになり、「人手」としてカウントされることに喜びを感じたりもしました。

さて、まだまだ「人並み程度」の私ですが、親方や先輩に教わった草刈りについて書きたいと思います。

疲れない体の動かし方

最初は草憎しとばかりに、全力で刈り払い機を振っていました。そして、お昼には完全にバテている私。そんなだからか、「サボるのはアカンけど、ラクな方法を考えてせえや」と、親方に口酸っぱく言われました。

▼肩幅以上に振らない

ひと振りでできるだけ広い面積を刈るほうが早いと思っていましたが、肩幅程度の振り幅で、チップソーをやや傾けて少しずつ草を寄せながら刈るほうが、ラクなうえに結果的に早く刈れました。

筆者。借りた畑や、妻の祖母宅の遊休地で直売野菜や花を少々栽培

▼硬い草はエンジン回転数を上げる

丈夫に育ったカヤなどの硬い草の場合は、とにかく力まかせに刈っていましたが、エンジンをふかして、チップソーの回転で切るようにしました。すると驚くほど力を使わずに刈れるようになりました。

▼丈が長い草は2段刈りに

刈り倒すのに力がいるような丈の長い草は、まず半分ほどの高さで切り、2度目で地際から刈ると、チップソーに載る草が減るので、これも力がいりません。

どれもちょっとしたことですが、こんなことを意識するだけでバテなくなりました。

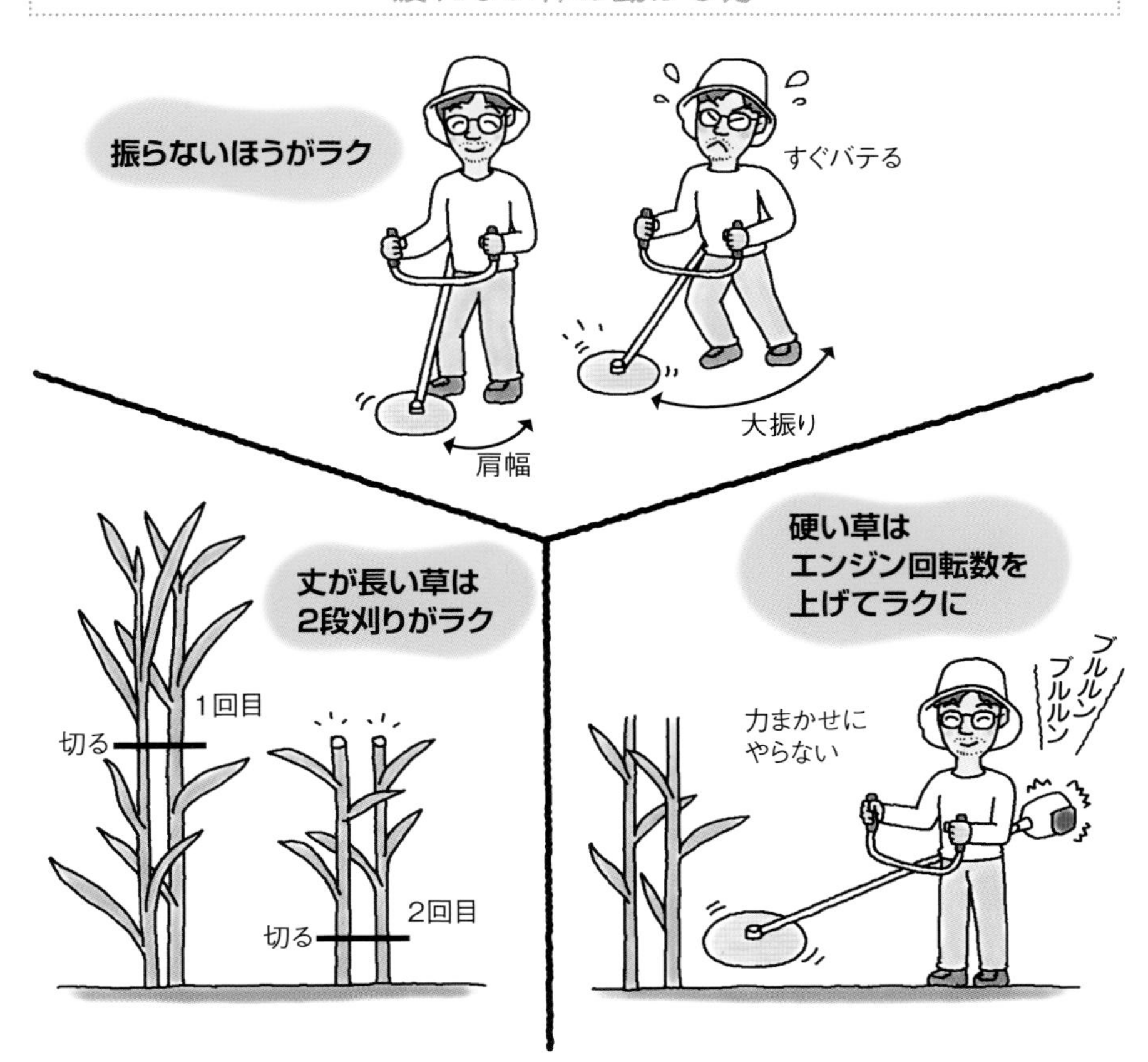

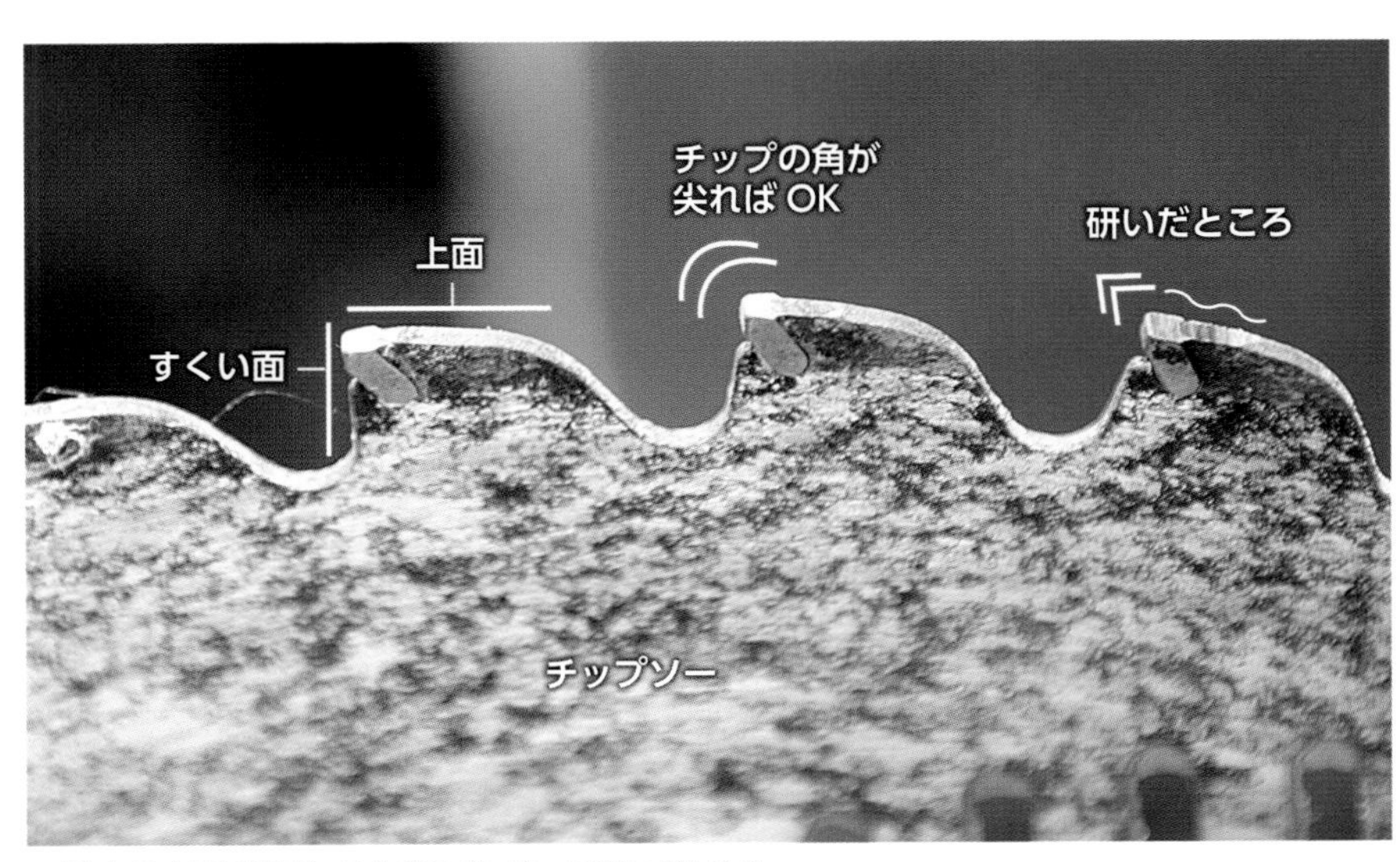

一番右の上面だけディスクグラインダーで研いだところ。すくい面を研がなくても、チップの角が尖れば切れ味はそこそこよくなる。安いチップソーは4回ほど研いだら新しいものに替える

草集めに使う熊手。ホームセンターに売っている安物は弱いので、丸の部分を針金で補強。壊れにくくなる

カヤやススキなどカサがある草は、フォークに刺して担ぐと一気に運べる（うまい人はもっと担ぐ）

安いチップソーの上面だけ研ぐ

体の動かし方だけではありません。切れない刃を使っていると、何倍も時間がかかり、何倍も疲れます。

チップソーは面倒だからと研がずに使う人も多いようですが、研ぐと切れ味がまるで変わります。難しいことはしません。グラインダーでチップの上面をサッと研ぐだけ。摩擦熱でロウが溶けてチップが飛びやすくなるので、必要以上に研がないのがコツです。

刃はほとんど1枚５００円程度の一番安いものしか使いません。値段の高いチップソーと比べると、刃が減りやすく、切れ味もすぐに悪くなりますが、こまめに研ぐならこれで十分。この辺りにあるホームセンター3軒のオリジナルブランドの刃を先輩が比べたところ、コメリのものが刃が減りにくく、チップのロウづけも強い、という結論になったそうです。

例外として、竹がたくさん生えているヤブを刈るときは、直径がひとまわり小さいチップソー（普段は直径２５５㎜だが、２３０㎜に）をあえて使います。回転数が増えるせいか、直径３〜４㎝の木があってもけっこう切れます。邪魔な枝を払うときにも便利です。

草の状態と刈り適期

× 実が飛んで服が染まる

○ おすすめは花の頃

ヨウシュヤマゴボウ

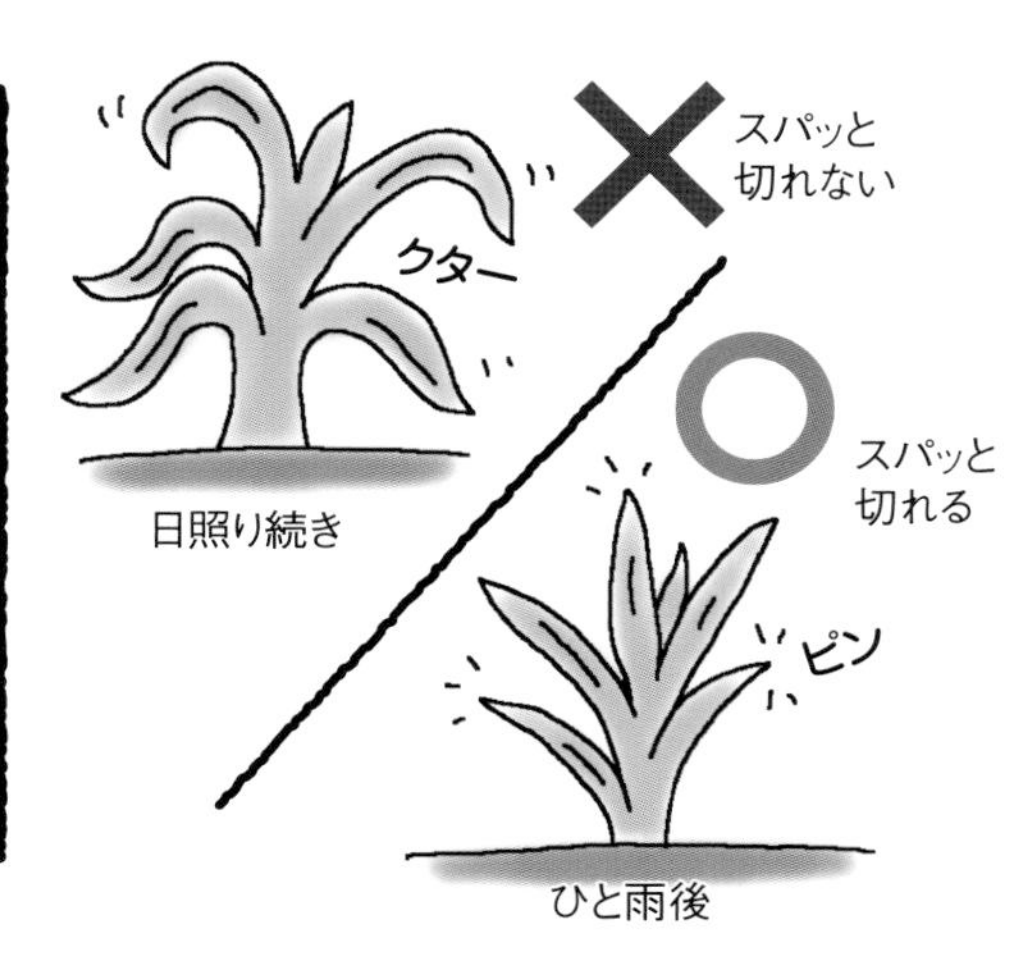

ホームセンターで買った熊手は針金で補強

草を寄せるときに使う道具は、サラエ（竹熊手）です。これにも使うコツがあります。ホームセンターで500円ほどで売っている安物は、もともと丈夫にできていません。私は何度も壊しました。寿命をまっとうさせるには、前ページの写真のように針金で補強をし、爪を取れにくくします。

使い方にもコツがあります。地面に擦りつけるように「掻く」のではなく、先端の爪で刈った草を引っ掛けて、ふわっと前方に浮かせて投げるイメージ。刈った草は絡むので引っ掛けるだけで塊になって飛ばせます。これだと熊手が壊れにくいし、力も入りません。

カヤやススキなどカサのある草を運ぶときはフォークを使います。フォークで草を寄せて、積み重ねてから、体重をかけて刺すと、大量の草を一気に運べます。水路に落ちた草も、フォークをスコップのように使ってすくい上げます。

草刈りで植物が見えてくる

刈り方だけではなく、とくに親方には草刈りを通じて植物のことも教わりました。「日照りが続いたら草がしなっとなって刈りにくいから、雨が降ってピンとするまで待て」「このブドウみたいなやつ（ヨウシュヤマゴボウ）は、実の汁が服につくととれへんから、花が咲いた頃に刈る」「おんなじつるでも、ヘクソカズラと違ってクズは頑丈でヒモ（ナイロンコード）では叩きにくいから、刃で刈る」「このササみたいな葉のユリ（ササユリ）は、薄いピンクのきれいな花が咲くから刈ったらアカン」などなど。

そんな話を聞くうちに、私も植物に興味がわき、見るのが好きになりました。草刈りをしていると、私の畑にもいろんな植物があることに気づきます。やっかいな草は強めに刈って弱らせたり、よさそうなものは刈り残して増やしたり、切り花にして道の駅に出してみたり……。今の畑が年々よくなっていくと思うと、草刈りもただやっかいな作業ではなくなりました。

（『現代農業』2018年7月号）

8枚刃、笹刃、チップソー、ナイロンカッター

刈り刃をうまく使い分ける

山口県周南市●繁澤 求

8枚刃で昔の棚田の法面を草刈りする筆者
（写真はすべて倉持正実撮影）

壁に垂木を取り付け、刈り払い機の刃を引っ掛けて吊り下げ収納。マフラーの排気口にドロバチが巣をつくることがあるので、長期間使用しないときはエンジン部にレジ袋をかぶせる

この取材時に撮影した動画が、ルーラル電子図書館でご覧になれます。
http://lib.ruralnet.or.jp/video/

私は山口県周南市に在住しております。近くに周南工業地帯があり、大半の方が工場に勤務しながら農業をしており、私も12年前まで工場で働いていました。現在は土木工事や草刈りのアルバイトをしながら、水田3反、畑2反5畝、竹林3反、山林10町の耕作・管理をしています。

私が住んでいるのは十数戸の山間集落で、段々の田畑で草刈り作業をするのは大変です。5～10月の半年は草との戦いが続きます。

＊

わが家で刈り払い機を購入したのは45年前だと思います。当時は3枚刃、4枚刃が主流でしたが、数年後に8枚刃が発売されてからは、8枚刃を使うようになりました。当初はグラインダーで研磨していましたが、研磨のバランスが悪くて草刈り時に手元が激しくブレることもありました。

しばらくして、父が農機具展示会で8枚刃専用の研磨機を購入しました。これでラクに、正確に研磨できるようになりました。その後はずっと8枚刃が主力で、チップソー、笹刈り刃（笹刃）、ナイロンカッターなども使っています。現在、刈り払い機は5台所有しており、主に3通りに使い分けしております。

8枚刃専用の研磨機がない場合は、コンパスのような専用の定規で線を引いてグラインダーで研ぐこともできる

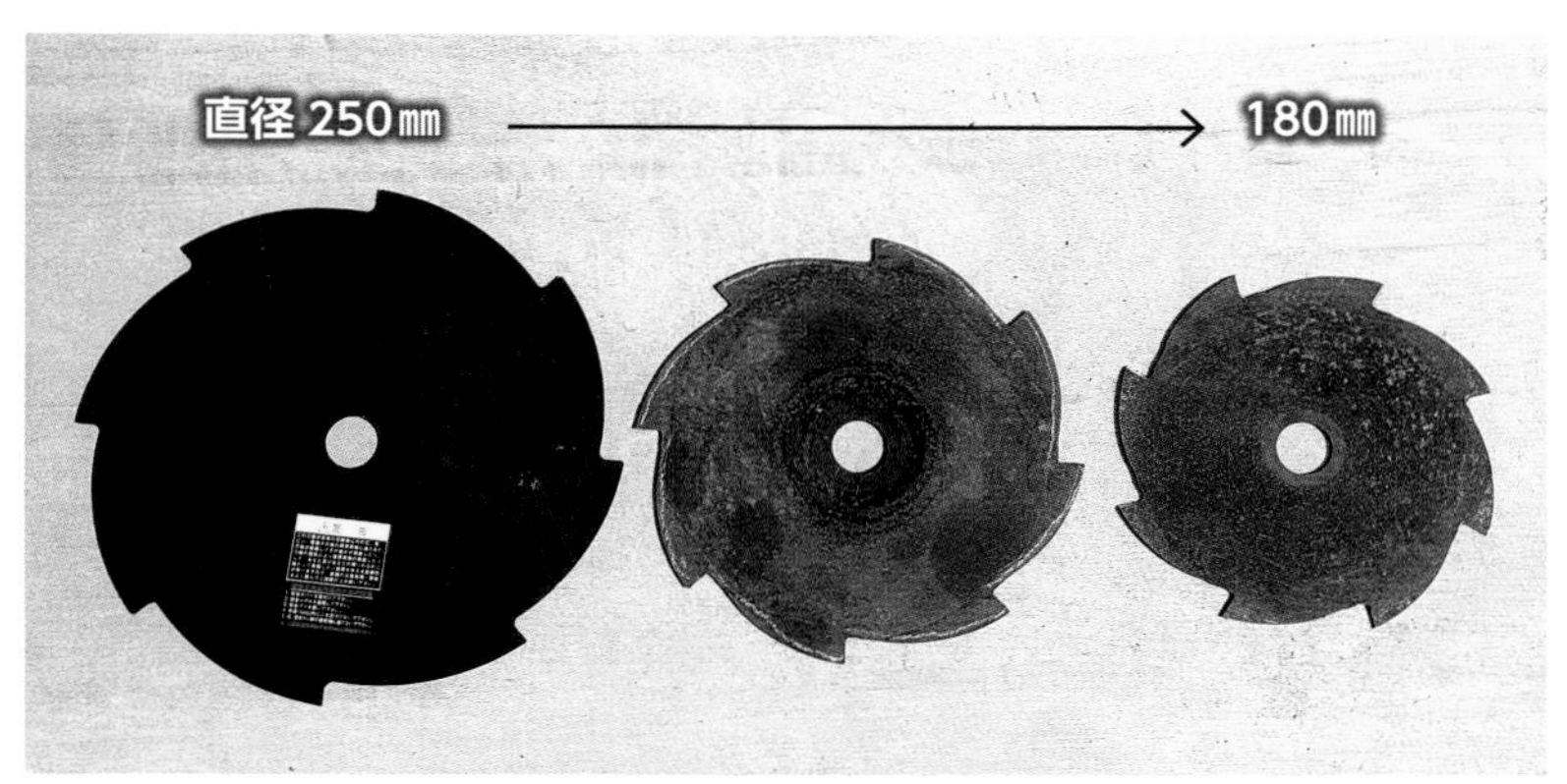

8枚刃は直径250㎜だが、180㎜まで研磨機で研げる。1枚700円前後と安価で長持ちする点がいい

高さと角度が固定されたグラインダーを、8枚刃の形状に合わせて正確に動かすことができる。刈り刃の大きさに合わせてセットしたら、ハンドルを前後左右に動かすだけで均一に削っていける

8枚刃専用の研磨機。父が40年ほど前に約5万円で購入したが、現在なら2、3万円で買える

8枚刃で草刈りしたあとの様子。スパスパッと切れるので、刃に草を載せて片側に寄せやすい

8枚刃はラクに研げる、オールマイティーに使える

主力の8枚刃は、休耕田、畑、法面、ササ、山林の下草刈りと、オールマイティーに使用しています。

小石などに当たると刃がすぐに欠けますが、専用研磨機を使えば、5分程度で誰でも均一に研磨することができます。私は雨の日などに研いでおいて、一日仕事で草刈りに出るときは、3、4枚替え刃を持って行きます。1時間半ほど使ったら刃先が丸くなって切れ味が悪くなるので、取り替えるようにしています。

最近は8枚刃を使う人は少ないですが、チップソーよりも簡単に何十回と研げるので、小石を気にすることなく使えます。1枚700円程度と安価で長持ちし、コスト面でも一押しです。

ササが生い茂る山裾は、チップソーや笹刃で刈っていく

キックバックが起こらないよう、刃の左側の面を使って刈り倒していく。直径6㎝ほどの木も笹刃でなんなく切れた

危険を感じたらすぐにスロットルレバーを離して刃の回転を止めること

笹刃。30枚か40枚の刃がついていて、ノコギリのように切先の切り口が互い違いになっている。8枚刃より硬い材質で、硬い枝を切りやすい

キックバックとは？

刈り刃が木や硬いものに接触したときに、刃の回転力で作業者が大きく弾かれてしまう現象

下草を刈るときも、キックバックを起こさないように右から左に刈り払うのが基本

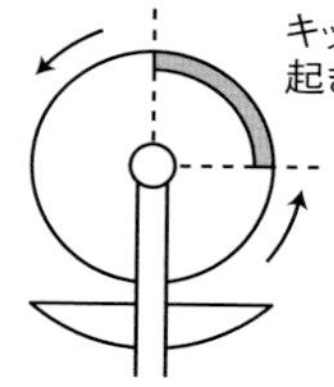

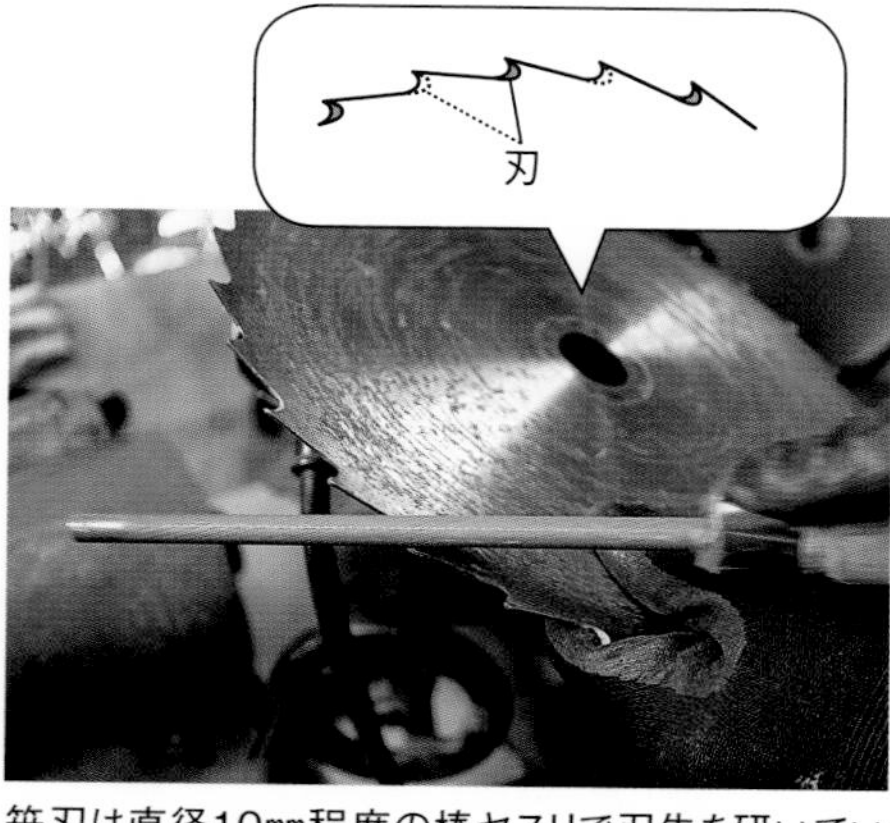

笹刃は直径10㎜程度の棒ヤスリで刃先を研いでいく。鋸と一緒で研ぐ面が互い違いになる

チップソーや笹刃でやぶを刈る

チップソーや笹刃は、小径の雑木、ササ、竹、山林の下刈りに使用します。刃先の数が多い分、硬い枝も切りやすく、笹刃を使えば直径7㎝ほどの木でもエンジンをふかして刈ることができます。ハチクやマダケといった細くて軽めの竹も十分に刈れます。

また、チップソーも地際の軟らかい草を刈るのではなく、ササやぶなどの硬い枝を刈るのに使います。高い位置で刈るので、小石に当たってチップが飛ぶこともありません。ただし、チップに厚みがあって笹刃ほど太い枝は切れないので、私はあまり使いません。

通常どおり右から左へ刈ると……

作業靴に草がびっしりと付着した

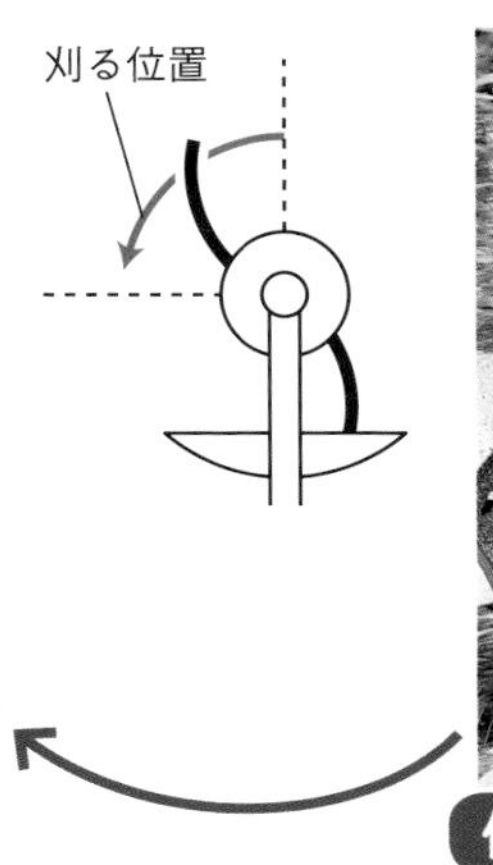

草が向かってくる
ヒモの回転方向
左
右
作業者側

草が作業者の方向に飛び散ってくる

左から右へ刈ると……

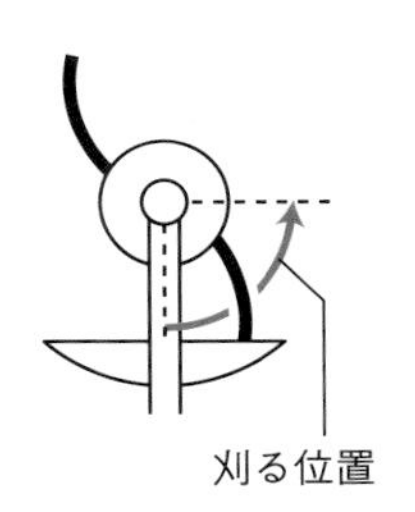

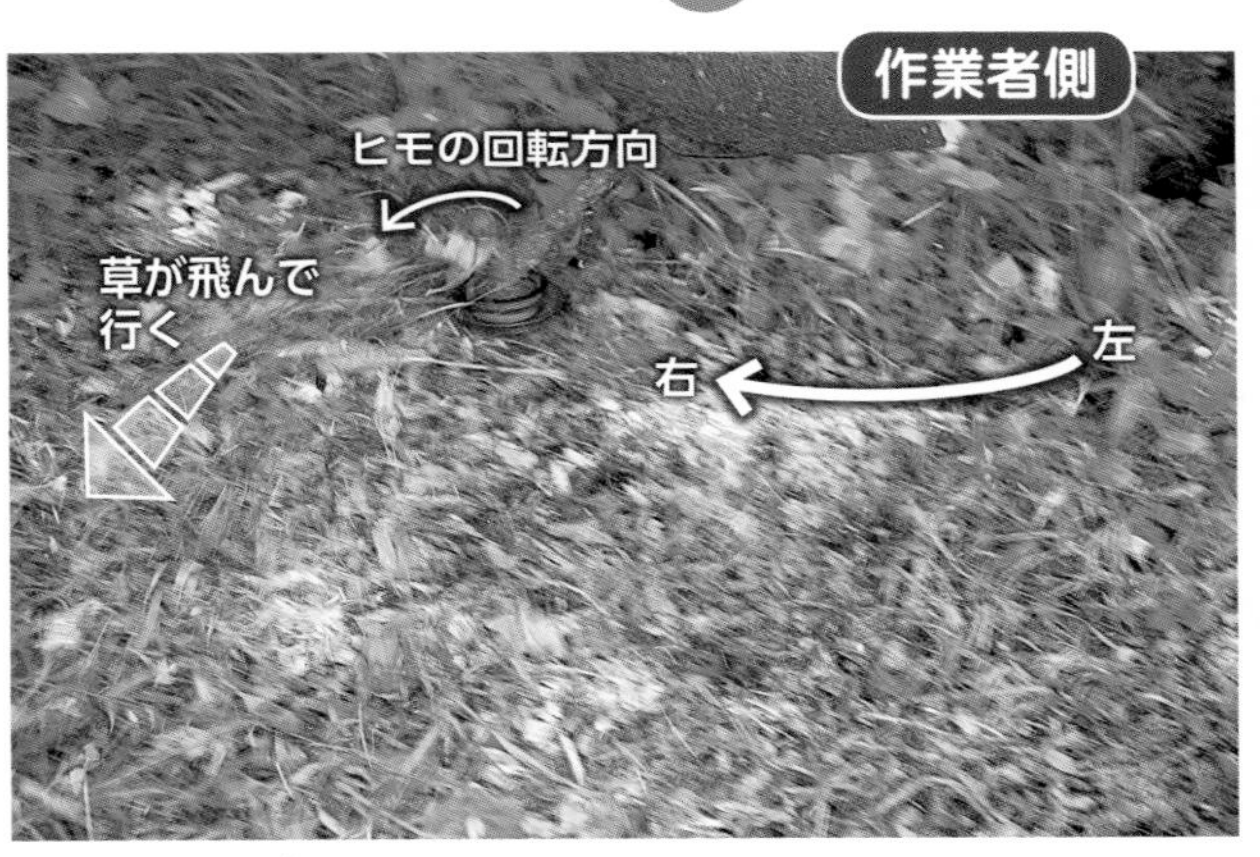

草が前方へ飛び散る

後方の安全を確認したうえで、バックしながら刈る

作業靴に草がほとんど付着しない

草が身体につかない ナイロンカッターの使い方

ナイロンカッターは、障害物の多いところ、法面、田のアゼの草丈の低い草を刈るときに使用します。通常は右から左へと操作しますが、私はナイロンカッターを使うときのみ、左から右へと操作し、後ろに下がりながら刈っていきます（もちろん、後方の安全確認は忘れない）。

なぜかといいますと、右から左だと草が飛び散り、左半身は草まみれとなります。左から右へと操作すれば草は前方へと飛ぶため、身体にはほとんどつきません。ナイロンカッターはキックバックの心配もありません。

（『現代農業』２０１８年７月号）

草刈りが意外と楽しくなる

市販のアイデア刈り刃

低速回転でもスパスパ切れる不思議なチップソー

岩間式ミラクルパワーブレード

岩手県花巻市の農家、岩間勝利さんが考案したチップソー。草の切断抵抗を極限まで減らしたのが最大の特徴。おかげで刈り払い機の燃費がよくなり、石飛びが減らせ、低速回転で疲れにくい。なおかつ切れ味抜群という、なんとも不思議なチップソー（草刈り専用で立ち木などは切れない）。

抵抗を減らすため、刃が本体（円盤）から２㎜程度しか出ていない（通常のチップソーは５～８㎜程度）。また、雑草や小枝が引っかかってしまうと考えて、本体には穴をあけていない。さらに刃室（チップ前のへこみ）も「雑草刈りには不要」となくしている。

Wスリット付きの新商品

2014年に出した新商品「Wスリット　岩間式ミラクルパワーブレードWMR」は刃の飛び出しを1.6㎜とさらに小さくして、ショックを吸収するためのスリットを２本入れた。また、本体の厚みを少し薄くして軽量化。その結果、さらに疲れにくく、石飛びが減って、耐久性も上がった。おかげで旧来の「岩間式ミラクルパワーブレードWM」を追い越す勢いで売れているという。とくに回転速度が簡単に変えられる電動式刈り払い機との相性がいいそうで、女性やお年寄りに人気だという。

どちらもオープン価格だが、おおむね１枚2000円前後。ホームセンターには卸しておらず、農協や農機具店、金物店などで購入できる。（お問い合わせ：日光製作所 TEL 0794-62-5211）

岩間式ミラクルパワーブレードWM（日光製作所）。一般に刈り払い機は毎分6000 ～ 9000回転程度で使われるが、3000 ～ 5000回転で十分に草を刈れる

新商品のＷスリット岩間式ミラクルパワーブレードWMR（日光製作所）

水が飛び散らないからアゼ草刈りに最適

水際の達人

アゼの水際に生えた草をきれいに刈ろうとすると、刈り刃が水を跳ね上げてしまう。また、角度をつけるため、土に刃が食い込んでキックバックも起こしやすい。そんな水際にねらいを絞った商品。小型（直径155㎜）でチップ数を減らし（８個）、片刃にして水を跳ね上げにくくした。キックバックが起きにくいよう、刃の飛び出しも小さくしてある。価格はオープンで、ホームセンターでは水際の達人は2000円以下で売られている。

水際の達人
（三陽金属）

作物を傷つけずに草を削る

畑のシェーバー

雑草を切るのではなく「削る」という新発想の刈り刃。従来の刈り払い機に取り付けて、地面を滑らせるように前後左右に動かして除草する。２枚刃のブレード全体がカバーで覆われているため、誤って作物を傷つけたりせず、草刈りに気を使う果樹の幹周りなどでも安心して使える。直径145㎜と小さいので、ネギやキャベツのウネ間や条間にも向く。石飛びしにくく、軽いので扱いやすいが、長い草には向かない。刈り払い機が26cc以上なら、ひと回り大きく３枚刃の「畑のシェーバーDX」も使える。標準価格は4500円（DXは5800円）。

畑のシェーバー（三陽金属）

畑のシェーバーのブレード。2枚刃が地面をこすって雑草を削り落とす

耕うん除草機
タマの手（平城商事）

10㎝の株間除草もお任せ

耕うん除草機 タマの手

こちらも土ごと草を削るタイプの刈り刃。幅約10㎝と小さな刈り幅で、株間・条間の除草が立ったままできる。土の表面を浅く耕す耕耘効果もあり、施肥後の撹拌にも使える。ステンレス製の保護カバーによって小石の飛散を防止、作物を傷つけない。刈り払い機に取り付けて使う。本体＋専用刃で２万円弱。替え刃は約3000円。

タマの手の刃。パワーハローのように地面を撹拌しながら草を削る

切れ味抜群！ １本コードのナイロンカッター

ぐるがり

一般的なナイロンカッターといえば、２本のコードが回転しながら草を粉砕するもの。コードが4本出るタイプもある。しかし、「ぐるがり」はたった１本のコードで、抜群の切れ味と作業効率を誇る。長い草も苦手じゃない。１本より２本、２本より４本のほうがよく刈れそうだが、じつはその逆。なんでも、回転力を１本のみに集中させたほうが破壊力は増すらしい。

コードが１本だけなので、バランスよく扱うには少し慣れが必要。コードの長さは3.5m。繰り出しは手動タイプとワンタッチタイプとがあり、両方できるタイプもある。価格はオープンで、だいたい１万5000円くらい。本体は頑丈なファイバー添加熱硬化性樹脂で、消耗品の部品はバラ買いできる。北陸を中心に、20年以上使い続けられているベストセラー。

ぐるがり（㈱ナゴシ）。たった1本のナイロンコードで長い草でもバンバン刈り飛ばす

プロの農家も使い始めた

電動式（バッテリー式）刈り払い機

電気で動く刈り払い機。エンジン式と違って作業中の音が静かで、排気ガスが出ない。本体は軽く、振動が少ないので女性でも扱いやすい。また、スイッチひとつで始動するため、エンジンがかからずイライラすることもない。製品によっては刈り刃の逆転機能が付いていて、絡みついた草を簡単に振り払うこともできる。

一方で、従来はエンジン式に比べるとパワー不足で、稼働時間が非常に短いのがネックだった。だが最近の新しい機種はパワーアップしていて、例えば36V（電圧）の機種なら25ccのエンジン式刈り払い機と同等の使用感を謳っている。同機では、連続使用時間も標準で約３時間ある（高速回転で２時間近く、低速回転なら約７時間)。おかげで最近は、一部プロ農家でも使う人が出てきたという。ただし、完全防水でない機種が多く、水際での作業には向かないかもしれない。

価格はピンキリだが、18V機で3万円代、36V機で６万円代（充電池＋充電器付き)。それぞれ本体だけなら１万～２万円以上安くなる。バッテリーは高額だが、汎用性があり、手持ちの電動工具と共用できることも多い。また、別売りの背負い式バッテリー（6万～10万円）を買えば、丸１日のハードな草刈りにも使える。

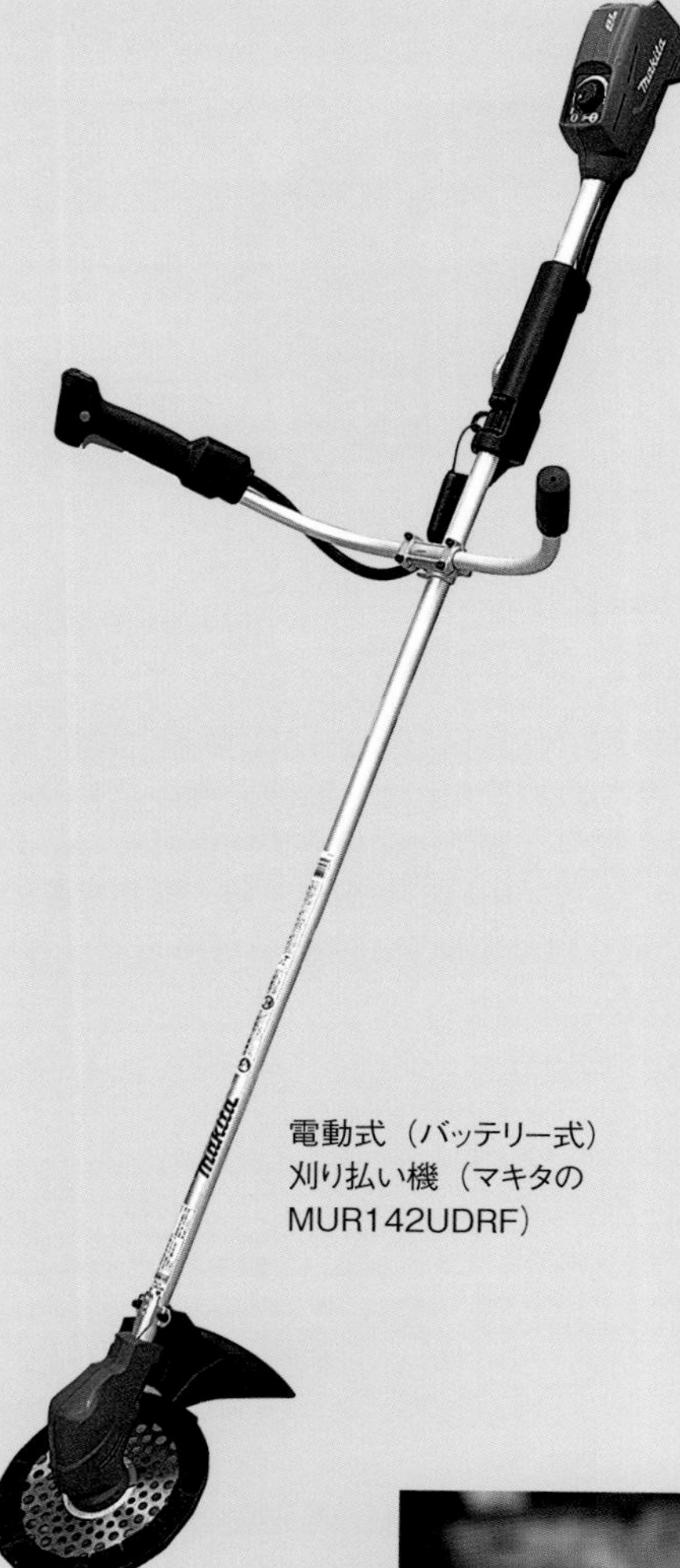

電動式（バッテリー式）刈り払い機（マキタのMUR142UDRF）

正逆転切り替えレバー。スイッチひとつで絡みついた草を振り払える

『現代農業』2018年7月号　＊商品の購入については、まず最寄りの農機具店や農協、ホームセンターにお問い合わせください。

刈り払い機の刃が長持ち！

驚きの長切れ効果

笹刃を強化する焼き入れ

宮崎県五ヶ瀬町●渡邊正司

刃の付け方と焼き入れの手順

1 板の上に刃を置いて中心を出し（板に印を付ける）、刃先にカラースプレーを塗る

2 スプレーが乾かないうちに、新しい刃を出すところまでコンパスで円を描く

〈次ページに続く〉

私の住んでいる所は、観光地の高千穂峡に近く阿蘇山を望む九州発祥の地、五ヶ瀬という山里です。山の下刈りや田んぼのアゼ草刈りをするとき、刃が新しいうちはある程度長く切れます。しかし使い込むにしたがって1時間ほど使うと切れなくなり、ちょこちょこ研がなくてはならないのが面倒でした。

何か長切れする方法がないかなと思っていたとき、伯父から「トビロ」の焼き入れを習ったことを思い出しました。

用意するのは、切れなくなった笹刃とグラインダー、丸ヤスリ（7㎜）、廃油（エンジンオイル）、カラースプレー、コンパス（クギ2本を30㎝くらいのヒモで結んでつくる）、ガスバーナー、空き缶です。手順は上に示したとおり。

刃先を鋭く研いで焼き入れした笹刃は硬く、切れること切れること、しかも長持ち。20年ほど耕作放棄していた2反近い畑が、1日5時間ずつ10日ほどの作業できれいになりました。この間、2枚の刃を3回ずつ研ぎ直したくらいです。高さ3～4mもある笹竹がスパスパ切れます。日本刀で切っていくような感触さえありました。おかげで作業が楽しくなりました。

切れなくなったチップソーも、チップを外したあと、グラインダーで刃先を研ぎ出して同様にすれば切れ味抜群の笹刃に変身。刃が何倍も使えます。これからもいろいろ試しながら、農業を楽しみたいと思います。

筆者（赤松富仁撮影、以下も）

3 円の線までグラインダーで刃を削り出してから、丸ヤスリをかけて刃先を鋭く研ぎ立てる

4 刃先をバーナーで赤よりも少し白くなるくらいまで焼き、すぐに廃油に浸ける（パチパチという音がしなくなるまで）。この作業を刃の数だけ繰り返して完了

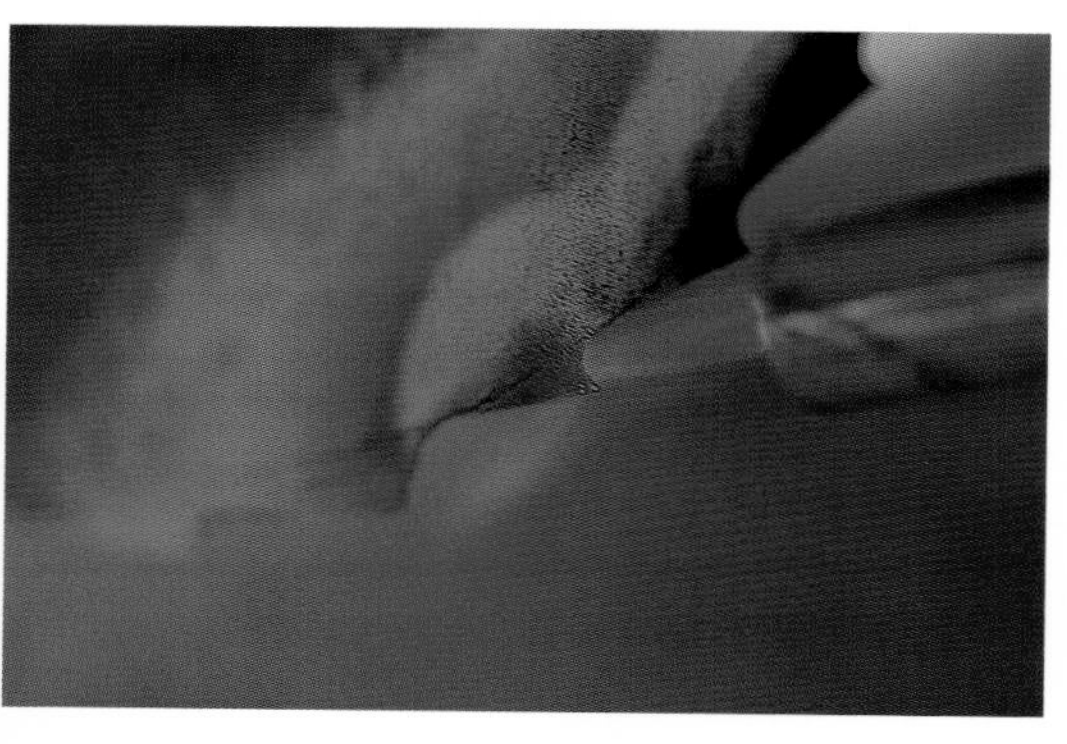

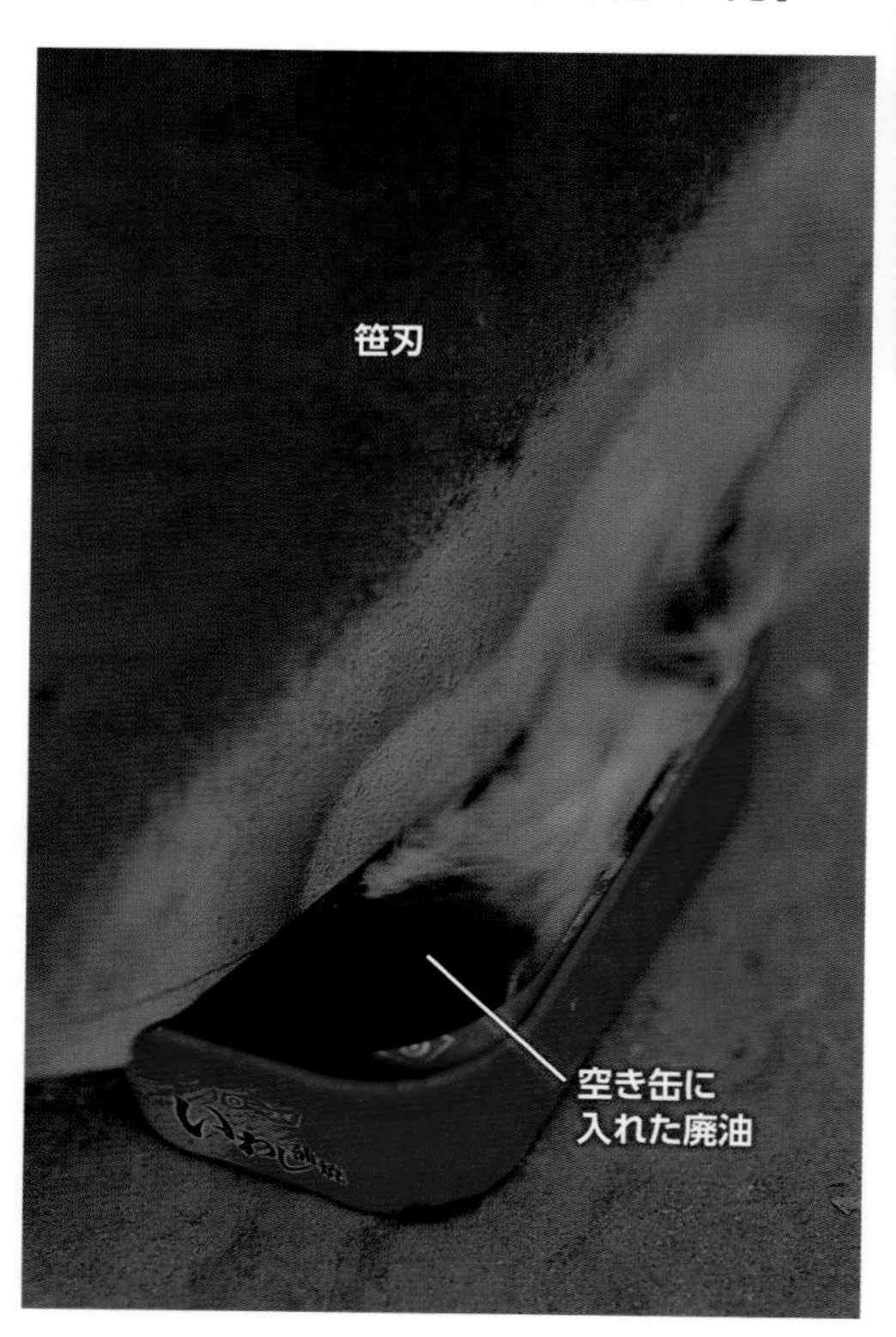

※再び刃を研ぎ直すときは、焼き戻し（バーナーで熱してから常温で冷ます）をして刃先を軟らかくしてから丸ヤスリで研ぐ

（『現代農業』2013年7月号）

ナイロンカッターを使いこなす

チップソーより疲れません

東京都八王子市●鈴木俊雄

ナイロンカッター。金属の刃の代わりにナイロン製のコード（ヒモ）が回転して、草を粉砕する（赤松富仁撮影）

水田20a、畑3・9ha、ハウス900坪で、年間45品目くらいを環境保全型農業で栽培しています。20年以上前から草刈りにナイロンカッターを使っています。場面によってチップソーと使い分けますが、6割はナイロンカッターで刈っています。

ナイロンカッターのよさは、なによりも疲れないことです。チップソーは、刈った草がその場に倒れるので、刈りながらその草を腕の力で動かさなければなりません。しかしナイロンカッターの場合はコードを草に当てるだけで粉砕されていくので、倒れた草を押しのける必要はありません。

また水田のアゼなどを刈ったとき、イネに倒れかかる心配をしなくて済みます。

半日仕事するとチップソーではヘトヘトになりますが、ナイロンカッターは軽いこともあって、疲れません。

細かく粉砕して草の生長を抑える

ハクサイ、ニンジン、ダイコンなど、多くのウネ間の草を刈るのに、ナイロンカッターは早くてラクにきれいにできます。チップソーよりも地面すれすれを狙って刈れるので、一度コードで雑草を叩き切っておけば、あとは草が野菜の陰になり、たいして育たなくなります。

播種や定植前の空いている畑で草を減らすのにも有効です。トラクタで何度も耕耘して草を減らそうとしても、ロータリに掘り出されたアカザやスベリヒユなどの草がダメージを受けずに生き残り、何%かそのまま活着してしまいます。しかし草が5㎝くらい伸びたときに一度コードで地上部を粉砕してから耕耘すると、その後まったく草は出ません。

ナイロンカッターでハウスの間の草刈りをする筆者。ナイロンカッターは障害物などにぶつかってもキックバックがないので安全に作業できる

必ず保護メガネを着用

ナイロンカッターの欠点は、小さく砕いた草が飛ぶことです。出荷間近のチンゲンサイなど葉物の中に入り込むと、洗う作業が増えてしまいます。使うタイミングの見極めが大事です。

また、チップソーに比べて自分の顔に草や石が飛んできやすいので、必ず保護メガネ、前掛けを着用します。

私が使っているコードは、ノコギリの刃のようになっている「鮫(さめ)牙(が)ブレード」（三洋テグス㈱、一部「ノコブレード」の名称で販売）です。クズなども切れる強いコードで長時間の使用に耐えるので、今はこれ専門です。

ただし、カヤやクズが密生している場所は、チップソーのほうが早いときもあります。

（『現代農業』2018年7月号）

ナイロンカッターに刈り刃をつけて最強の組み合わせ

愛媛県愛南町●二神敏郎

筆者。映像制作の仕事と水田1.3haを栽培しつつ、集落営農の役員を務める。手に持つのはカスタマイズした刈り払い機。飛び石防止板も大きくしている（写真は＊以外すべて小倉隆人撮影）

集落営農の草刈り担当

全国の読者の皆さんこんにちは。私は愛媛の最南端に住んでいます。農事組合法人のWCS飼料イネ13町歩のアゼ草刈りを一人で担当している二神という者です。

２０１０年に法人を立ち上げてから数年間、草刈りはメンバー３人全員が出て、自走式のウイングモアやスパイダーモア（64ページ参照）を使いつつ、一斉作業でやっていました。しかし、暑い時期の日中の草刈りは苦しいものです。「できるだけやりたくないな〜。アゼ草刈ったところで収量に差が出るものでもないし〜」と、だんだんと草刈りの回数は減っていきました。

その結果、地域の農家から「お前ら、もうちょい田んぼをちゃんと管理せい」「草を刈らないと地域の景観が悪いやろが」とのクレームが出る事態に……。

なんとかしなくてはと思っていたちょうどその頃、私はとあるナイロンカッターを使ってみて、その可能性を知ることになりました。

数えきれないナイロンカッターを試した

もともとが凝り性なので、すっかりナイロンカッターの「沼」にズッポリとハマってしまい、自分が納得できる、最高に効率のよい組み合わせはどれか？　ということを貪欲に追求し続けました。今までに23ccから53ccまで、延べ20機種の刈り払い機と、数え切れないナイロンカッターを自腹で購入して使ってきました。

　中山間地で畑の枚数が多い当地の地形では、自走式のモアは運搬の手間がかかります。ナイロンカッターを極めれば、モアを使うより速くできることが多いという結論に達しました。

　それからは私一人で草刈り担当を名乗り出て、フレックスタイムを導入し、夏場は朝夕の涼しい時間帯での短時間の草刈り作業に変更しました。約4年経過した今では、「法人の奴らは草刈りをしない」という地域の世評は、もうすっかり過去の話になっています。

ナイロンカッターとチップソーの刈り幅の違い。チップソー約25cmに対してナイロンカッターは約40cmと広く、一振りでたくさんの草を刈れる。またチップソーは刈った草がその場に倒れるが、ナイロンカッターは草を粉砕するので残らない

コード切れをいかに防ぐか

　ナイロンカッターの作業効率を下げてしまう最大の敵は、根元からのコード切れです（次ページ参照）。作業が中断し、大きな時間のロスになるので、どうしたらこれをなくすことができるかが、長い間の研究テーマになりました。インターネットで全国の仲間と体験を突き合わせて討論した結

コード切れを防ぐ方法

❶スリムなリールを使う

厚いリールのほうがコードを長く巻けるが、コードが内部でもつれやすく、コード切れの原因となる

❷コードガードを組み合わせる

金属刃がともに回転し、コードが根元から切れるのを防いでくれる。コードは粉砕力が強い先端部のみが草に当たるようになり、金属刃の草刈り能力も加わって、効率が増す

筆者が教える
ナイロンカッターのきほん

挿し込み式と繰り出し式

ナイロンカッターは、適当な長さに切ったコードを本体に直接挿し込む「挿し込み式」と、コードを巻いたリールを本体に取り付ける「繰り出し式」がある。

挿し込み式

コードをナイロンカッター本体に挿し込んで固定。
太いコードや特殊な形状のコードに向いている

ナイロンカッターのしくみ

刈り払い機にナイロンカッター本体を取り付け、ナイロンコードを接続する

繰り出し式

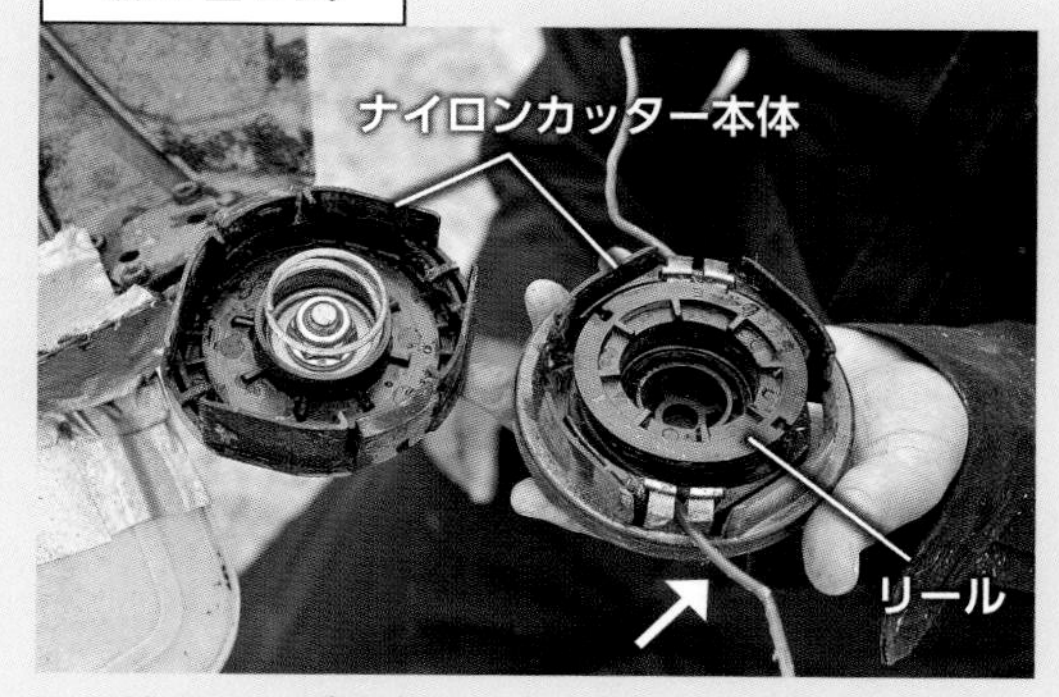

コードをリールに巻き付け、ナイロンカッター本体に入れる。コードが短くなったらリールから繰り出して伸ばせる。コードを手動で伸ばすタイプ、本体の底にあるタップを叩くと伸びる半自動タイプなどがある

根元から切れたら リールの巻き直しが必要

コードは使用していると徐々に短くチビてくるので交換する。その際、挿し込み式は１本ずつ取り替える手間がかかるが、繰り出し式はリールからコードを伸ばすだけなのでラク。ただしコードが根元（矢印）から切れるとコードの長さがちぐはぐになってしまうので、リールを巻きなおす必要があり、かなりの手間となる。

ギシギシなどがぼうぼうに繁ったアゼ道も……

満喫コースであっという間にこの通り!

果、解決策にたどり着けたように思います。

コード切れの解決策は2点です。まずコードが絡みにくいスリムなリールのナイロンカッター本体を使うこと。

長時間使い続けようと、厚いリールにコードを長く巻きたいという気持ちもありますが、リールの中でコードがもつれて切れやすくなります。その欲を捨てて、スリムなリールを使えば、コードが素直にばらけやすく、切れにくいようです。

次に、ナイロンカッターと金属刃を合体させて使い、ナイロンコードが硬い茎に巻き付くのをガードすること（36ページ写真）。これは、コードの根元をガードするプラスチックの市販品（プラッター・魔女のワルツ）がヒントになっています。金属刃ならそれ自体に草刈り能力があるので、効率がアップします。

ただし、チップソーや8枚刃を使うと、ナイロンコードを切ってしまうので、外周部に刃がないタイプの金属刃を選択することが肝心です。できるだけ軽いほうがよいので、私はグラインダーで簡単に目立てができる「草刈ナシム」の3枚刃を使っています。

おすすめ ナイロン草刈り満喫コース

強力エンジンで早くて快適な組み合わせ

現時点でナイロン草刈りに一番適していると私が思っている組み合わせを紹介します。名付けて「ナイロン草刈り満喫コース」です。

刈り払い機はパワフルな排気量40ccのものを、ナイロンカッター本体は「斬丸叩き繰り出し式スリムT－D」を使います。各

筆者おすすめ組み合わせ

その1「ナイロン草刈り満喫コース」

強力エンジンで一番早くて快適に刈れる組み合わせ

刈り払い機
パワフルだけど軽くて安い

ハイパワー1.6kW（40cc）、低コスト4万4800円（税別）、軽量6.3kgと三拍子揃っていておすすめの機種。ナイロンカッターはチップソーよりもエンジンにパワーが必要で、これ以下では回転数が落ち、ストレスがたまることがある。欠点は燃費が悪く、40分で燃料タンクが空になること。また普段、軽量機の防振シャフトに慣れている人には、若干振動が大きく感じることもある。かといって、この機種より0.1kWパワーの大きいFS240（1.7kW）になると、価格は6割高、重量も600g増えて約7kgになってしまう。

刈り払い機
STIHL　FS250
（40cc、6.3kg）

ナイロンカッター本体
斬丸叩き繰り出し式スリムT-D（高儀）

コードガード刃
草刈ナシム3枚刃
310FR（ナシモト）

コードガード
草刈ナシムは
3枚刃がおすすめ

本来は単独で使用する刈り払い機の刃。4枚刃と3枚刃があるが、ガード目的で使う場合は、3枚刃のほうが振動が少ない印象。

ナイロンコードの太さ
排気量の10分の1が目安

ナイロンコードの太さを選ぶ筆者の指標は、刈り払い機の排気量×0.1（㎜）。30ccなら3㎜、26ccなら2.6㎜。エンジンにパワーがあれば、できるだけ太いコードのほうが摩耗が遅くて交換の回数を減らせる。

おすすめは「セフティー3　チタニウムナイロンコード四角型3㎜幅（藤原産業）」。チタンが入っているので摩耗しにくく、132m巻きのリールで買えば1m当たり約28円と安く、とってもお得。

種のナイロンカッターを使い比べて気が付くことは、値段の高い製品だからといってよいものとは限らない、むしろ安い製品のほうに使い倒せる良品があることが多いということです。その代表ともいえるのが、この斬丸です。

この製品のよい点は、太さ3㎜以上の太いコードが使える、コード切れしにくい構造、価格が安いの3点です。弱点としては、薄型なので3㎜以上の太いコードだと1・5mしか巻けないという点ですが、これは薄型構造のおかげでコード切れが発生しにくいという長所と表裏一体なので受け入れなくてはいけません。

安いですから、最初に2個買って、予備リールにコードを巻き、作業時にポケットに入れておくのがおすすめです。作業中にコードが終了したとき、簡単にカートリッジのような感覚で交換できます。

もう一つのお気に入り 淡々と草刈り万能コース

26ccクラスならこれ

どうしても紹介しておきたいもう1つの草刈りユニットが「淡々と草刈り万能コース」です。これは「満喫コース」よりスピードは落ちますが、現在26ccクラスの刈り払い機を持っている方なら、すぐに自分の草刈りに取り入れて活用していただける組み合わせです。

「満喫コース」の40ccエンジンが重いという方は、こちらを選択されるか、もしくはここでの情報をもとに、現在所有しておられる機種に合わせてアレンジして使ってみていただけるとよろしいかと思います。

三つの刃でなんでも刈れる

「万能コース」は、コードガードの金属刃に、刈り払い機用の特殊な刃である「旋風」と「アイガモン」のL字刃を組み合わせて使っているのが特徴です。

旋風は、キックバックが少なく、ナイロンカッターでは切れない竹などの硬い草も刈れるので、以前から石垣の付近を刈るときに重宝していました。しかし、薄くて軽量な本体の外側で比較的重いフリーな刃が回転するという構造上、刃が暴れる（振動が大きい）という印象があり、使用感は決してよいものではありませんでした。

あるとき、アイガモン用L字刃は、外側に質量が集中している形なので、旋風と組み合わせたらバランサーとして働いて、振動が相殺されるかもと考えました。使ってみると、予想通り、劇的に使用感が向上。あれだけ刃が暴れる印象だった旋風が、ウソのように滑らかに回転します。

ナイロンカッターも組み合わせれば刈り

セイタカアワダチソウや厄介なクズもある場所が、万能コースでこの通り!

筆者おすすめ組み合わせ

その2 「淡々と草刈り万能コース」

普通サイズの刈り払い機にも対応。早さは劣るが、クズだらけの場所でもまったく苦にせず草刈りができる組み合わせ

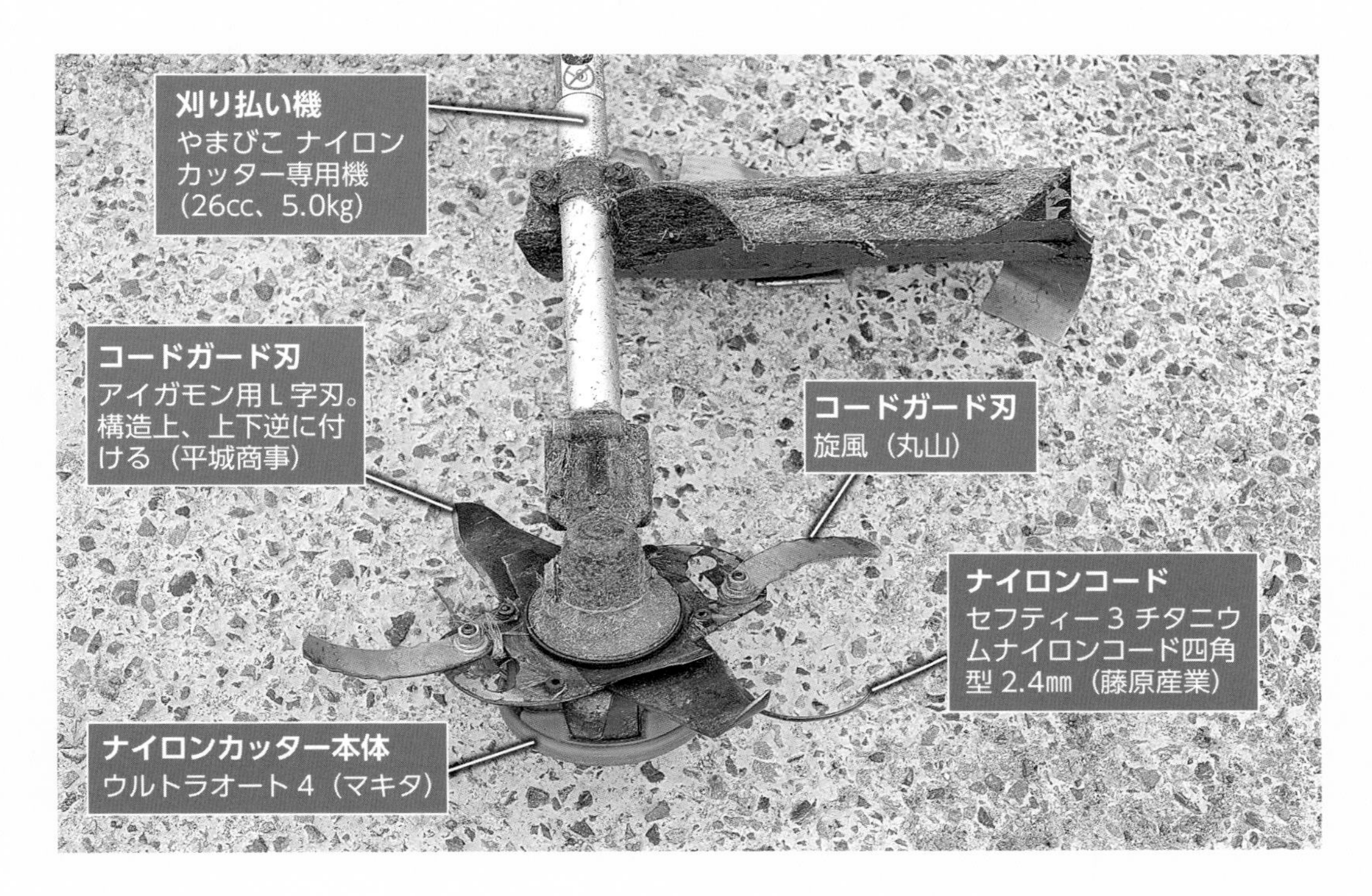

刈り払い機
刈り幅にちょうどいいギア比

「万能コース」の組み合わせを普通の26ccクラスの刈り払い機で使うと、使えないことはないが、重いのでちょっと非力さを感じる。そこでおすすめするのが、ギア比が1.62/1の「やまびこ ナイロンカッター専用機」。ギア比は刃の回転数を決める数字で、ギア比が大きくなれば回転数が下がる。この1.62/1というギア比は、26ccクラスで刈り幅40㎝くらいで刈るのにベストマッチ。

ナイロンカッター本体
ウルトラオート4は組み合わせで活きる

ウルトラオート4は、ギアヘッドの間に隙間ができて草が巻き付きやすいのが欠点だった。しかし旋風とアイガモンを組み合わせれば隙間が埋まるのでベストマッチ。

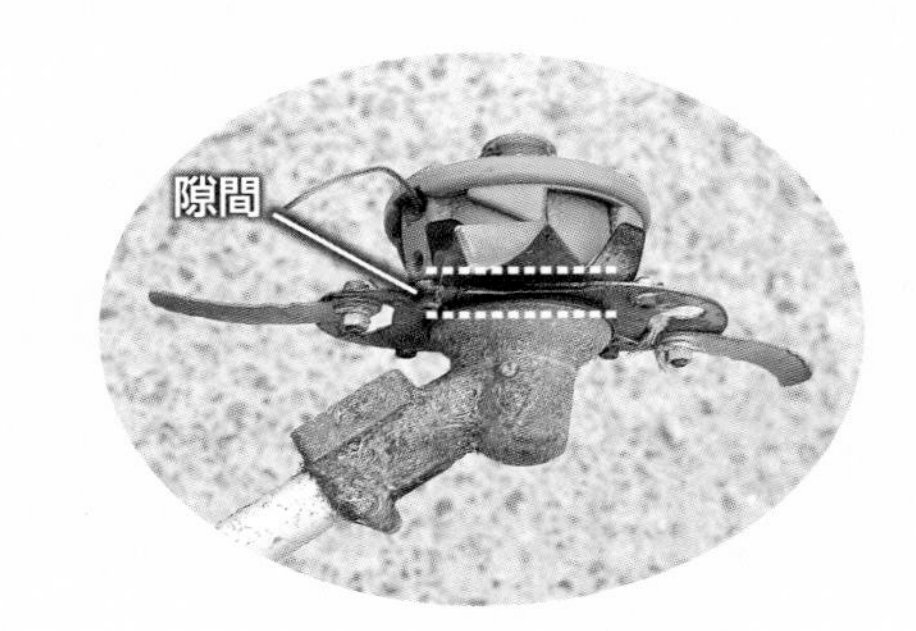

筆者の刈り払い機コレクション（＊）

幅が出ますし、旋風とアイガモンがコード切れを防ぐので、相乗効果でどんな草も刈れる万能な組み合わせになります。

読者の方で、クズのつるに悩まされている方がおられましたら、この組み合わせを使ってみてください。きっとお役に立ちます。

＊

最後にお伝えしたいことは3点。

▼コード切れの悩みが解消されると、ナイロンカッターはストレス解消になって楽しいです。どうか草刈りを楽しんでください。

▼もうクズは敵ではありません。全国の中山間の皆さん、どうか、ここでの情報を使って、クズに勝ってください。

▼ナイロンカッターでガラスを割る事例が極めて多いです。自分へのガードと周囲への配慮をしっかり行なって、安全な草刈りを心掛けてください。

以上です。最後まで読んでいただき、ありがとうございました。

（『現代農業』２０１８年7月号）

おまけ

刈り払い機を使いこなす筆者の裏ワザ

やぶを削るぜ!! 自己責任・
手持ちハンマーモアコース

密集して草がある場所や、チガヤの株、ササ、木質雑草混じりの場所を刈るのに使えるのが、モア用に発売されているフリーXモア刃を刈り払い機で使うという方法。刈り払い機の排気量が小さいなら「フリースパイダーモア刃」も使える。目的外使用になるので、決しておすすめはしない。くれぐれも自分と他人への防護策は忘れず、自己責任で。

ウイングモア用のフリーナイフ式の刃（フリーXモア）を加工して刈り払い機のヘッドに接続した

繁茂する雑草をなぎ倒す

ナイロンカッター本体を地面に当てて滑らせる

「十文字」で
地面の上を刃が滑る

「十文字」は、本来はナイロンカッター本体だが、刃の支え軸としても使える。ワッシャーを使って写真のように刈り払い機のヘッドに固定すると、十文字が地面に着いて刈り払い機を支え、滑らせるように使える。刃が地面に着いてのキックバックもないので、とくに危険な旋風やモアの刃はこれを使うのがおすすめ。

草刈りが圧倒的に速くなる

ディスク付きナイロンコード

愛知県西尾市●尾崎大作

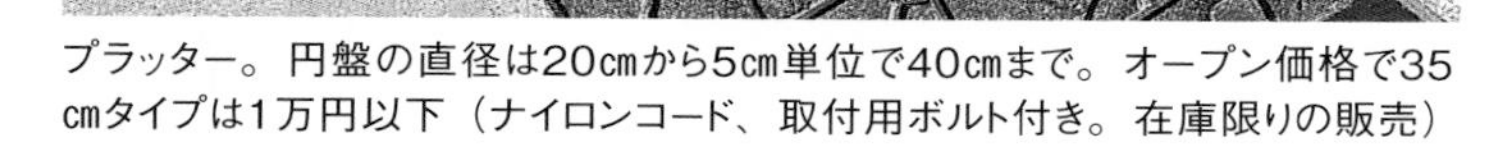

プラッター。円盤の直径は20㎝から5㎝単位で40㎝まで。オープン価格で35㎝タイプは1万円以下（ナイロンコード、取付用ボルト付き。在庫限りの販売）

畦畔の草刈り作業の効率アップや、障害物（コンクリート・石等）まわりの草を安全に刈りたいことから、プラッター（小林産業）という製品を使っています。これは、ナイロンコード（ナイロンカッター）とプラスチック樹脂製の円盤を組み合わせたもので、円盤からナイロンコードを2㎝くらいはみ出させて使います。

ナイロンコードはコードの端に遠心力をかけて草を刈っていくのですが、ふつうは内側部分にも草が当たるために切れ味を落としています。その点、プラッターだと、遠心力が十分ある端の部分だけで草を刈ることができます。するとコードは端から順に摩耗していくので、ムダなく使えることにもつながります。作業の際は、円盤の端からコードが2㎝くらい出ている状態がベスト。出しすぎるとエンジンの負担も大きくなるうえ、コードによる飛散が、悲惨なくらいヒドイです。

使い方は、チップソーなどの刈り刃で刈るときと違って、刈り払い機の竿は左右にふらず、モップをかけるように前に押し出す感じ、あるいはゆっくり前へ歩きながら刈るのがコツ。ナイロンコードだけで刈るのと比べて作業が圧倒的に速く、チップソーなどと比べてかなり安全です。刈った草が飛散しないように刈るには、円盤の前方（先のほう）で刈るのがポイントです。

ただしコードで刈ることには変わりないので、雑草の草丈が30㎝にもなるところでは負荷が大きすぎます。プラッターが威力を発揮するのは、短い草が多いところや、自走式のアゼ草刈り機などで長い草を刈ったあとの刈り残しを刈るときです。

またエンジンの排気量も必要で、直径35㎝のプラッターの場合、26ccくらいは欲しいと感じます。とはいえ、作業自体はあまりにも調子よく進むので、エンジンの排気量をアップしたうえで直径40㎝サイズのものを導入することを検討中です。

（『現代農業』２０１３年７月号）

Ⅱ

草刈りを、もっとラクに

スキーストックの支えで肩の負担軽減

千葉県市原市●小出 浩

筆者。ストックがなるべく垂直に立つよう右足を運びながら作業すると、機械の重さがストックにかかり負担が少ない。ストックのグリップを脇で固定する必要はなく、刈り払い機を両手で持てばグラグラせず安定する

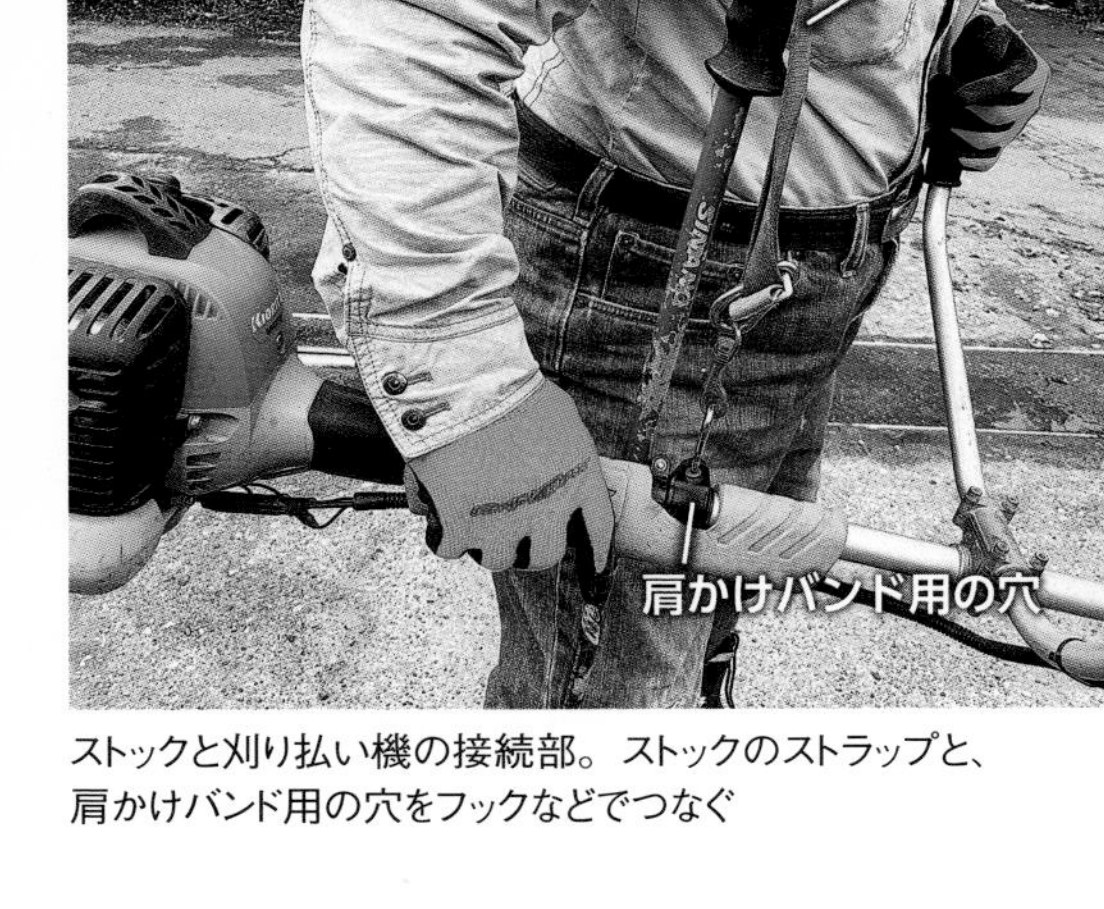

ストックと刈り払い機の接続部。ストックのストラップと、肩かけバンド用の穴をフックなどでつなぐ

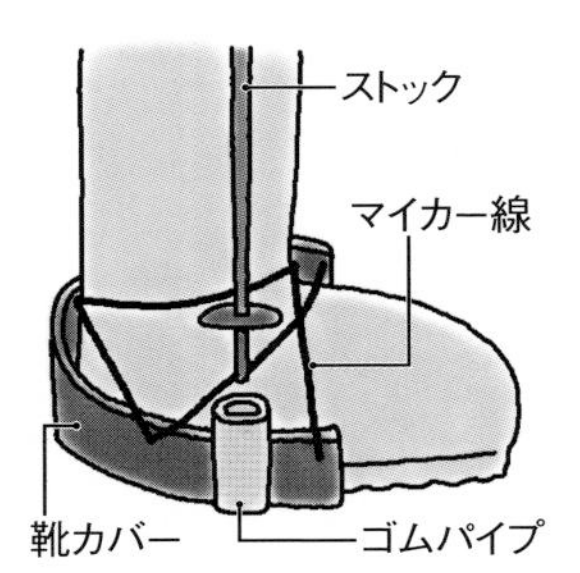

ストックの先端は、長さ5cmほどのゴムパイプに挿しているだけ。ゴムパイプは、自作の靴カバーに固定し着脱可能。どんな靴でも使える

私は、肩かけバンドを使わずスキーのストックで刈り払い機の重さを支えています。ストックを立て、刈り払い機を吊り下げて使用するだけです。

30cc近い重い刈り払い機を使うこともありますが、肩に負担がかからず、年寄りの小生（88歳）でも作業ができます。今年息子が定年退職しましたが、私もまだ現役で頑張るつもりです。

（『現代農業』2018年7月号）

飛び石防止板で安心

栃木県那須塩原市●関尾惣一

定年退職後、16年間シルバー人材センターの役員を務めました。センターでは草刈り業務も多いなか、自分も含め会員の就業中の飛び石事故の多いことに驚きました。駐車中の車のフロントガラスや建物の窓ガラスなどを破損し、作業代（収入）より修理代（出費）が多くなってしまうこともあります。

会員向けの講習会などを何回やっても事故が減らないので、刈り払い機に飛び石防止板を取り付けたらどうか、と思いつきました。

最初はベニヤ板を付けてみましたが、硬くて合わない。2号機はグラスファイバー製の板とゴムマットの組み合わせ。これで飛び石は半分以下になりました。欲が出て、刈った草もきれいに寄せたいと、ゴム板の前後に草寄せ用の金具も取り付けました。結果は良好です。

（『現代農業』２０１８年7月号）

筆者

飛び石防止板のしくみ

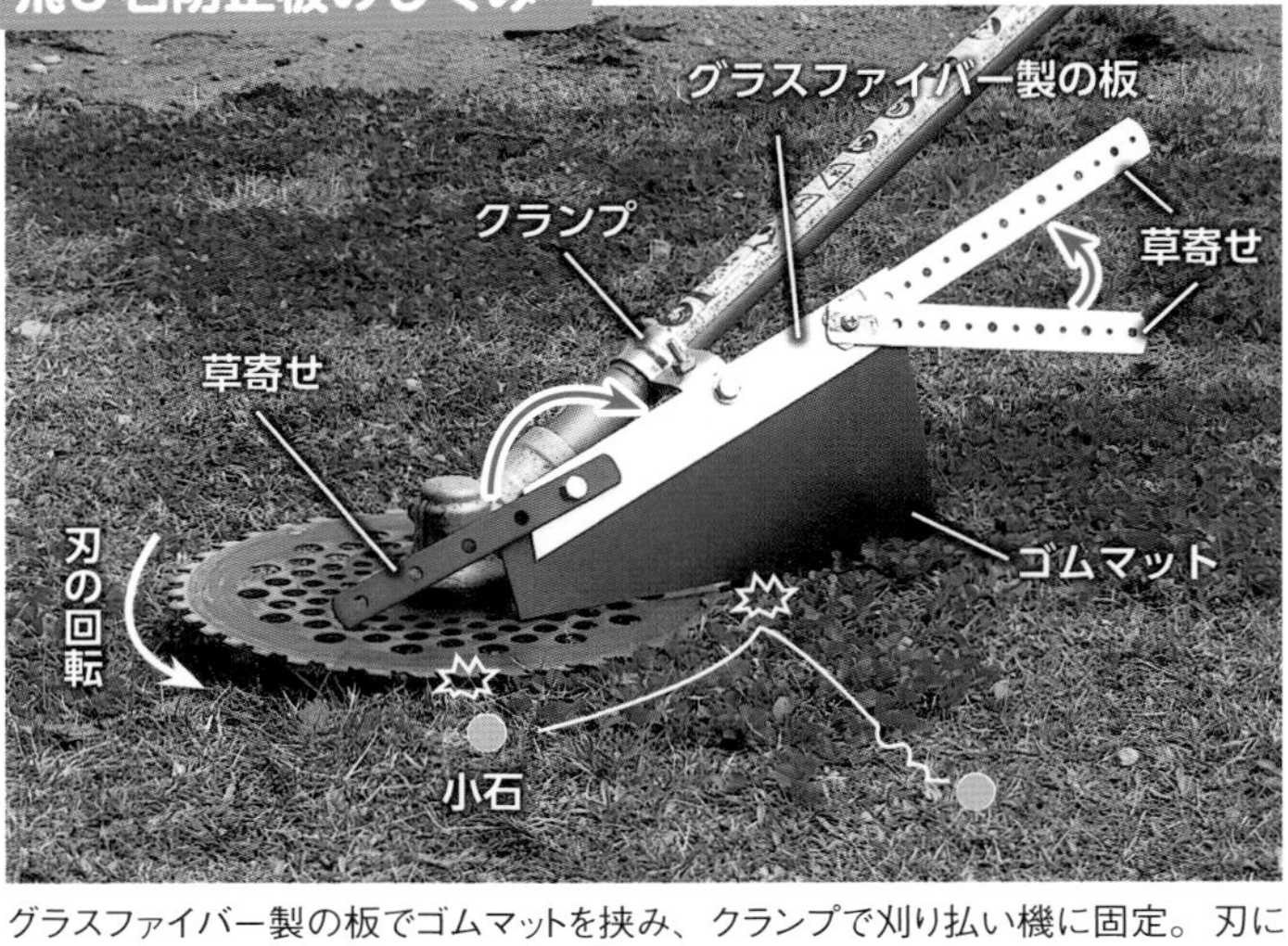

グラスファイバー製の板でゴムマットを挟み、クランプで刈り払い機に固定。刃に石が当たってもゴムマットが衝撃を吸収し、遠くまで飛びにくい。草寄せをつけたことで刈った草が飛び散らず、きれいに左側に寄せられる。長い草を刈るときは、草が絡みやすいので赤い矢印のように収納するといい

長ーい柄で遠くまで刈れる

岩手県北上市●千葉善三

こんにちは、私は『現代農業』愛読者の一人です。農業経営は水稲栽培が中心になりますが、農作業で誰もが一番きつい仕事と思うのが、草刈り作業ではないでしょうか。収入にはあまり結びつかないのに、絶対必要な作業です。少しでも体に負担をかけないで安全に作業できればいいなと思い、刈り払い機を改造してみましたので、紹介します。

構造は次ページの通りですが、市販の刈り払い機より柄が50㎝くらい長くなっています。エンジンの壊れた別の刈り払い機と合体させました。ロングタイプの刈り払い機も市販されていますが、値段が高い。自

改造した刈り払い機（上）と標準的な刈り払い機

改造刈り払い機の構造

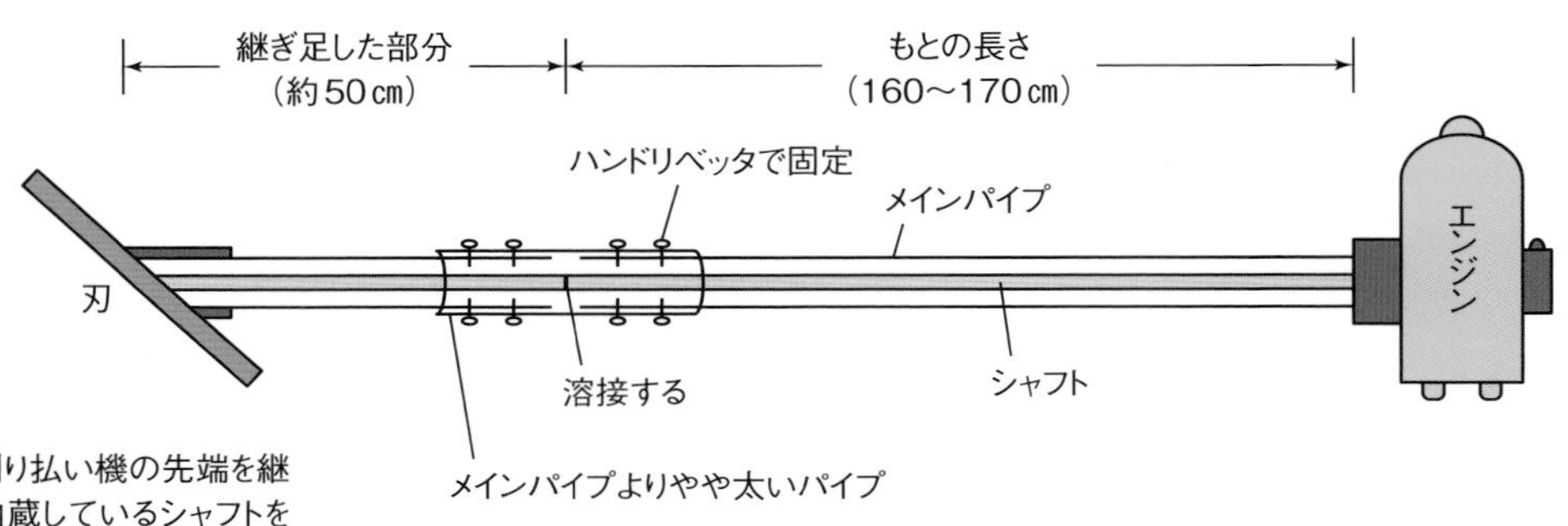

エンジンが壊れた刈り払い機の先端を継ぎ足してつくる。内蔵しているシャフトを溶接し、メインパイプよりやや太いパイプで覆ってハンドリベッタで固定。継ぎ足す長さは好きに変えられる

無理のない姿勢で作業できるので、とっても安全ですよ

筆者

傾斜のある広い法面も、無理なく広範囲を刈れる

分で改造すれば安く、長さも自由自在です。

普通のアゼより斜面の長い場所では、作業姿勢もよくなり、足元から草刈り刃まで距離があるので安全。斜面によっては長すぎて使いづらいこともあるので、普通の刈り払い機との使い分けも必要です。近づきたくない場所、危険でも作業しなければならない場所にはいいと思います。

機械改造が大好きです。つくるのは苦労しますが、うまく出来上がって家族に喜ばれるのが一番うれしいのです。

（『現代農業』２０１８年７月号）

背が高くても使いやすい シングルハンドルに改造

福岡県みやま市●坂田篤俊

就農13年目、ミカン専業農家です。高身長（181cm）のために付属の肩かけベルトでは前傾姿勢にならないと地際まで届きません。そこで、ベルトで吊らないで使える刈り払い機をつくりました。

U字ハンドルの片側だけを使ってシングルに改造。両腕を伸ばした状態で程よい高さになるように、ハンドルの角度を自分の体型に合わせて力技で調整しました。ループハンドルでは左右に振りにくいという声も聞きますが、これなら振り幅はU字よりも大きくなります。

法面や防風垣を切る際に、U字ハンドルの場合は握っていないほうのハンドルが邪魔になることがあります。でも、これならそのストレスもありません。

ただし欠点として、両腕だけで重さを支えなくてはいけないので、長時間の作業には適していません。20ccほどの軽いものを使うのがいいと思います。

（『現代農業』2018年7月号）

改造刈り払い機。U字ハンドルを取り外し、中央をグラインダーでカット。刈り払い機を持ったとき、右手と左手に同じくらい重さがかかるよう、ハンドルを内側に曲げて調整してメインパイプに固定した

筆者。自作のシングルハンドルなら肩かけベルトなしでも体への負担が少ない

U字ハンドルの使い勝手は肩ベルトしだい

広島県世羅町●原田洋治

中山間地域の当地では、ほとんどの人がループハンドルの刈り払い機を使用している。ループハンドルは、平面・斜面等どんな場所でも自在に棹（メインパイプ）を構えられる利点があり、私も以前は主にこれを使用していた。

だが、ループハンドルは機械の重さを両手で支えて使うためか疲れやすい。また平地を刈るときは、刈り刃を水平に近づけるため屈んで作業しなければならず、すぐ腰が痛くなり苦労していた。

Uハンドル（U字ハンドル）を使うようになったのは、両肘を痛めたのがきっかけだった。Uハンドルは腰や肘に負担はかからない代わり、肩ベルトで機械を支えて刈るため、平面と斜面（斜面も斜度によって変わる）の間を移動するたびにベルトの長さを調整しなければならない。これをやらないと両手で機械を支えなければならず、不安定なうえに効率が悪くて非常に疲れるのだ。

そこで、ベルトの長さをワンタッチで調節でき、なおかつ刈り払い機の重量をすべて肩で受けても肩が痛くならないベルトを探して使うようになった。おかげで長時間使っても疲労が少なく、重さをあまり気にせず馬力のある刈り払い機を選べる（ループハンドルだととにかく軽い機械を選んでいた）ので、エンジンをふかさなくてもラクに刈れるようになった。

肩と両手で刈り払い機を支えているため、杭等の硬いものに刃が当たっても跳ね返り（振り回され）が少なく安全。また、棹が20cm長いものを使うことができて刈れる範囲が広がったうえ、棹を横に振りながら刈れるため、ほかの人より作業が速くなった。

（『現代農業』２０１６年７月号）

ホームセンターで、厚手の肩パッドと撚れにくいベルトを見つけた。ベルトの先を引くと簡単に短くできる

注）実際に草を刈るときは保護具を着用しています

ベルトを長くしたいときは、バックルの突起を持ち上げると自重で簡単に下がる

条間除草を刈り払い機で

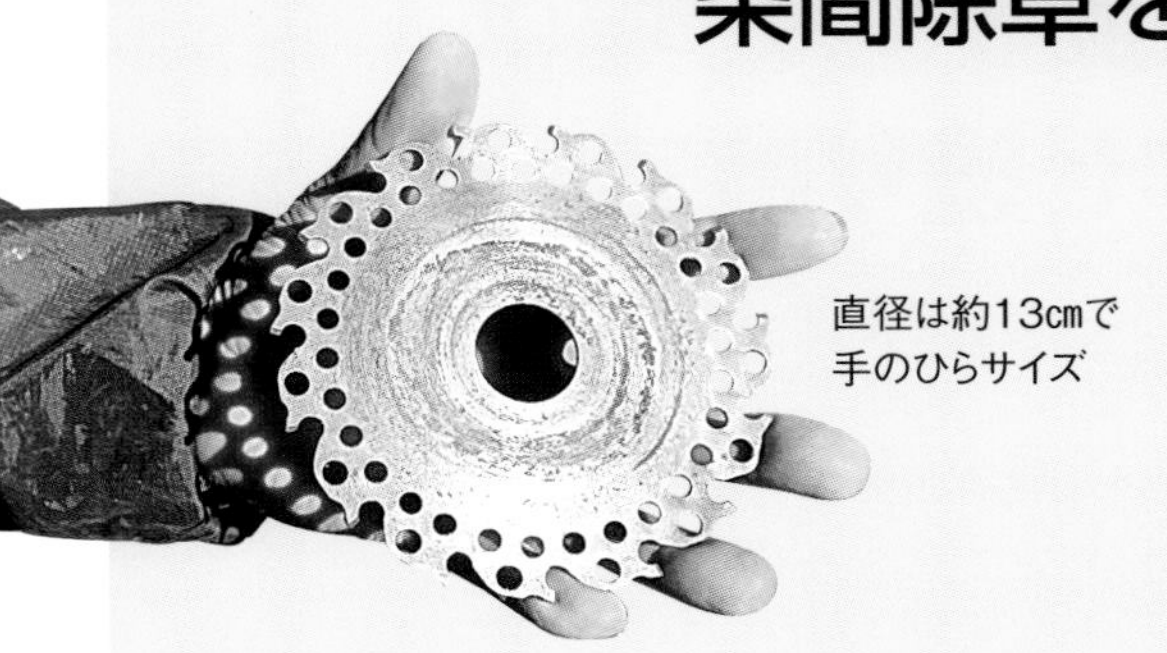

直径は約13cmで
手のひらサイズ

古いチップソーからつくった イネ条間用小型刃

福島県浅川町・八旗(やはた)正紀さん

7.7haでコシヒカリをつくる八旗さん。田んぼの高くなっているところに生えてしまうヒエを、刈り払い機で除草できないかと小型の刃を自作した。切れなくなったチップソーの中心部を、グラインダーで切り抜いただけ。中干し時に使ってみると、イネを傷つけることなくラクに条間の除草ができたそうだ。

イネ条間用は、もともと開いていた穴をつなげるようにグラインダーでカット。刃の部分は斜めに研磨して切れ味にもこだわった

作物を傷つけないガイド板

岡山県和気(わけ)町・中川時雄さん

中川さんは、自然農法でつくるイネの条間（約40cm）に合わせて、市販の刈り払い機に自作のガイド板を装着。条間をまっすぐ進むだけでラクに除草ができる。「1反に2時間あれば余裕で刈れる」。もし刃が左右に触れても、ガイドがあればイネを傷つける心配もない。

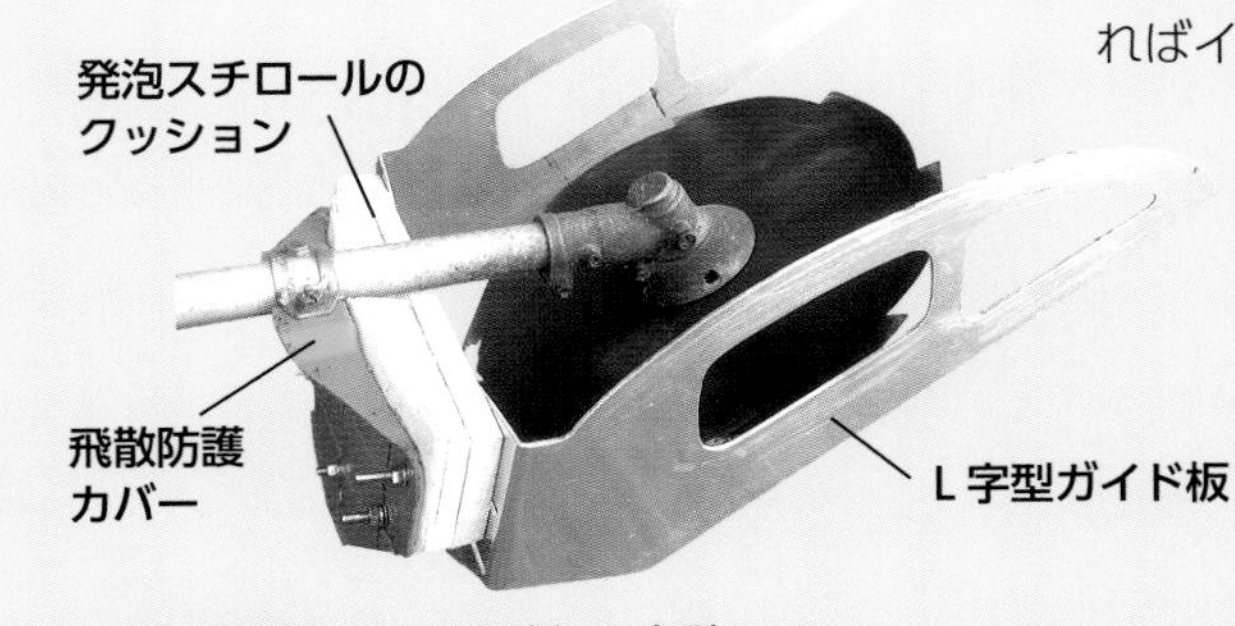

飛散防護カバーの両側にL字型のアルミ製ガイド板を装着。カバーの湾曲に合わせてカットした発泡スチロールのクッションを挟む

水を落とした田んぼで
実際に使う中川さん。
畑でも使える

『現代農業』2018年7月号

足場を整える

とっても簡単!
法面下の足場はアゼ塗り機で

栃木県日光市●福田一成さん

法面の草刈り作業、足場が悪くてヒヤリとした経験はないだろうか? 体調がよくなかったり、朝露で滑ったりしたら、思わぬ大けがに結び付くことも……。

福田さんが使用しているアゼ塗り機
(写真はすべて依田賢吾撮影)

アゼ塗り機でつくった法面の小段。幅約30㎝

福田一成さん。イネ12ha、ダイズ3ha(裏作小麦50a)、ソバ4ha

栃木県日光市の福田一成さんは、春先にアゼ塗り機を使って小段を設置している。以前は法面下の田んぼに足を踏み入れて草刈り作業をしていたそうだが、歩きづらく、足をとられてヒヤリとすることが何度もあった。しかし、10年ほど前に地区で共同のアゼ塗り機を購入した際、「これは使える!」とひらめき、以来、草刈りの足場づくりに役立てているそうだ。

福田さんが耕作する田んぼ12haのうち、約5haは法面1m以上の高さがあり、それらにはすべて小段を設置。法面の高さは最高で2mほどだから、一番下に作業道があれば、上と下からの草刈りで十分間に合う。手軽なわりに効果は大きく、安全性や作業スピードがぐんと上がった。

アゼ塗り機は地区(農家約70戸)で2台共同所有しており、今では地域の田んぼ法面の8割は小段を設置済みだとか。

(『現代農業』2018年7月号)

以前の草刈り作業はこんな感じ（代かき前の田んぼで見せてもらった）。作業道がなく、田んぼのぬかるみに足をとられてヒヤッとすることもあった（この田んぼは上が道路なので、上からスパイダーモアで刈っている）

アゼ塗り機で小段をつければ、草刈りラクラク

法面中間の足場は専用管理機で

法面の途中に作業道をつけるにはどうするか？ 果樹園の傾斜地用に開発された専用の狭幅作業道造成機がそのまま使える。爪は逆転ロータリで、山側の土を谷側の前方に掻き出して道をつくる。

造成直後には歩行面を足や鍬で踏み締める。湿った箇所には消石灰を1m当たり0・8～1kg散布するとよいそうだ。

（『現代農業』2018年7月号）

安全のため補助者をつけて作業。作業速度は時速0.7km。幅25㎝を目標に前後進の往復作業を1～2回行なって足場を広げる（写真提供：鳥取県農業試験場、右も）

狭幅作業道造成機MRV2VHS
（マメトラ四国機器
TEL 089-973-2325）

多面的機能支払で設置

再生プラスチック利用の足場、楽カル

山口県山口市●山下建文

30～15度の傾斜に対応。階段状の施工も可能。耐久年数15～20年。オープン価格で楽カル100は税別1800円（サンポリ TEL 0835-23-6020）

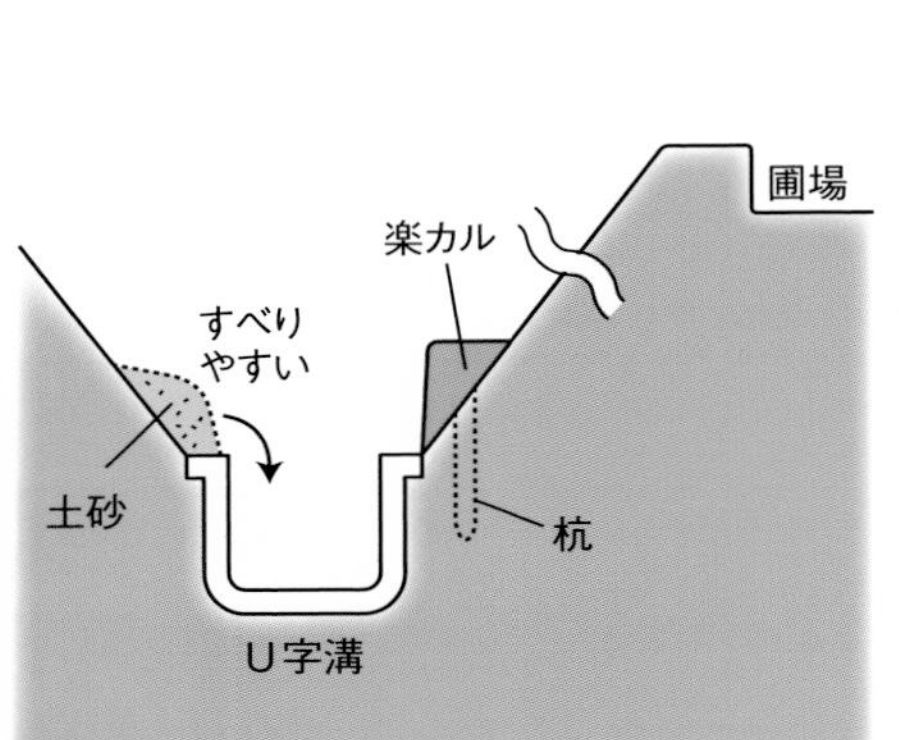

側溝沿いでの施工もある。施工前はすべってU字溝で足をケガした人もいる

DVD 農文協の『DVD多面的機能支払支援シリーズ第1巻　みんなで草刈り編』（1万円＋税）にも、法面に足場をつくる事例が詳しく紹介されています。

私の住む仁保上郷地区（農家約50戸、水田約30ha）は、棚田が多くありました。私の田も約20aで13枚ありましたが、昭和60年頃に県の圃場整備で1枚にし、耕作面積約15a（法面5a）の圃場になりました。法面の勾配は傾斜角39・5度と急であり、法長は10m近くあります。中間にステップがありましたが、年が経つうちに埋もれ、草刈り時に足元がすべり、たいへん不便でした。

平成24年から仁保地区農地・水環境保全管理協定運営委員会が発足し、26年度から多面的機能支払を使って法面ステップ「楽カル」を設置するようになりました。楽カルは長さ1m、幅12cmの再生プラスチックでできており、長さ45cmの杭を3本打ち込みます。地区で3000本ほど導入しました。

私の田には、2mごとに楽カルを設置。もとの小段と合わせて3本の作業道ができ、草刈りが大変ラクになりました。ただ、80歳前後の高齢者には、12cm幅の足がかりでは「少しおそろしい」という方もいらっしゃいます。

（『現代農業』2018年7月号）

堀野さんの高刈りは、地際から15㎝の高さが目標。「草のツラをなでる」ように刈る。作業もスムーズで、地際刈りと比べると5mで20秒早く刈れた。草刈りの回数は年4回で、地際刈りと変わらない

高刈りで、害虫を寄せつけないアゼを

島根県飯南町●堀野俊郎さん

「高刈り」を10年以上続けてきた堀野俊郎さんの田んぼのアゼは、「緑のじゅうたんのようにふわふわで歩きやすい」と評判。それに、草刈りがラクだし、カメムシが減る。天敵も増える。色とりどりの花も咲く。

高刈りは、刈った草が株の上に載っかるので乾くのが早い

刈り草の量自体も少ないので、運び出して処分するのがラク

広葉雑草が増え、斑点米カメムシが減る

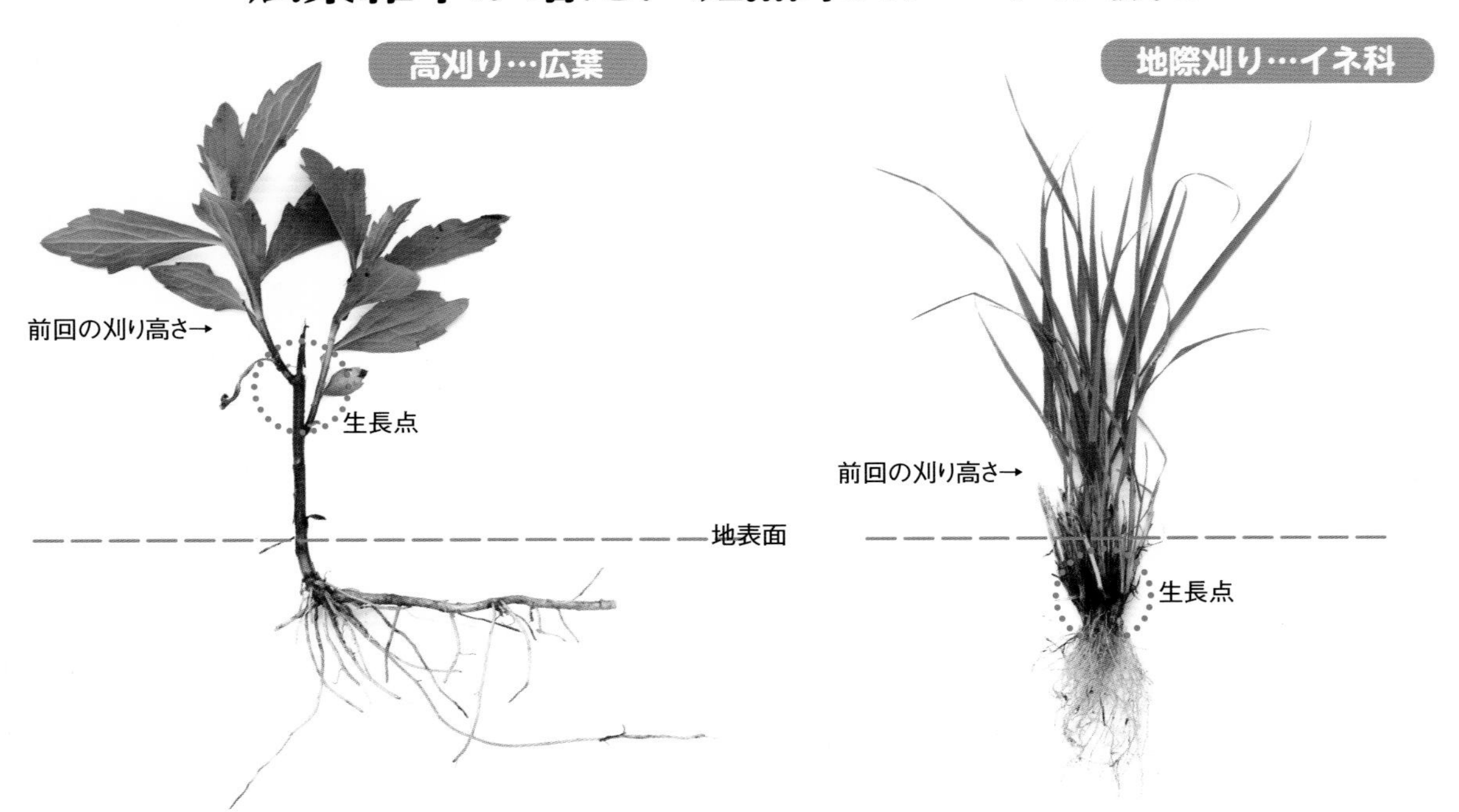

どちらも草刈り後に再生した雑草。地際で刈ると、生長点が土中にあるイネ科しか再生しない。でも高刈りなら広葉雑草が増えて、斑点米カメムシを呼ぶイタリアンライグラスやメヒシバなどのイネ科雑草を抑えてくれる（堀野俊郎氏撮影。以下も）

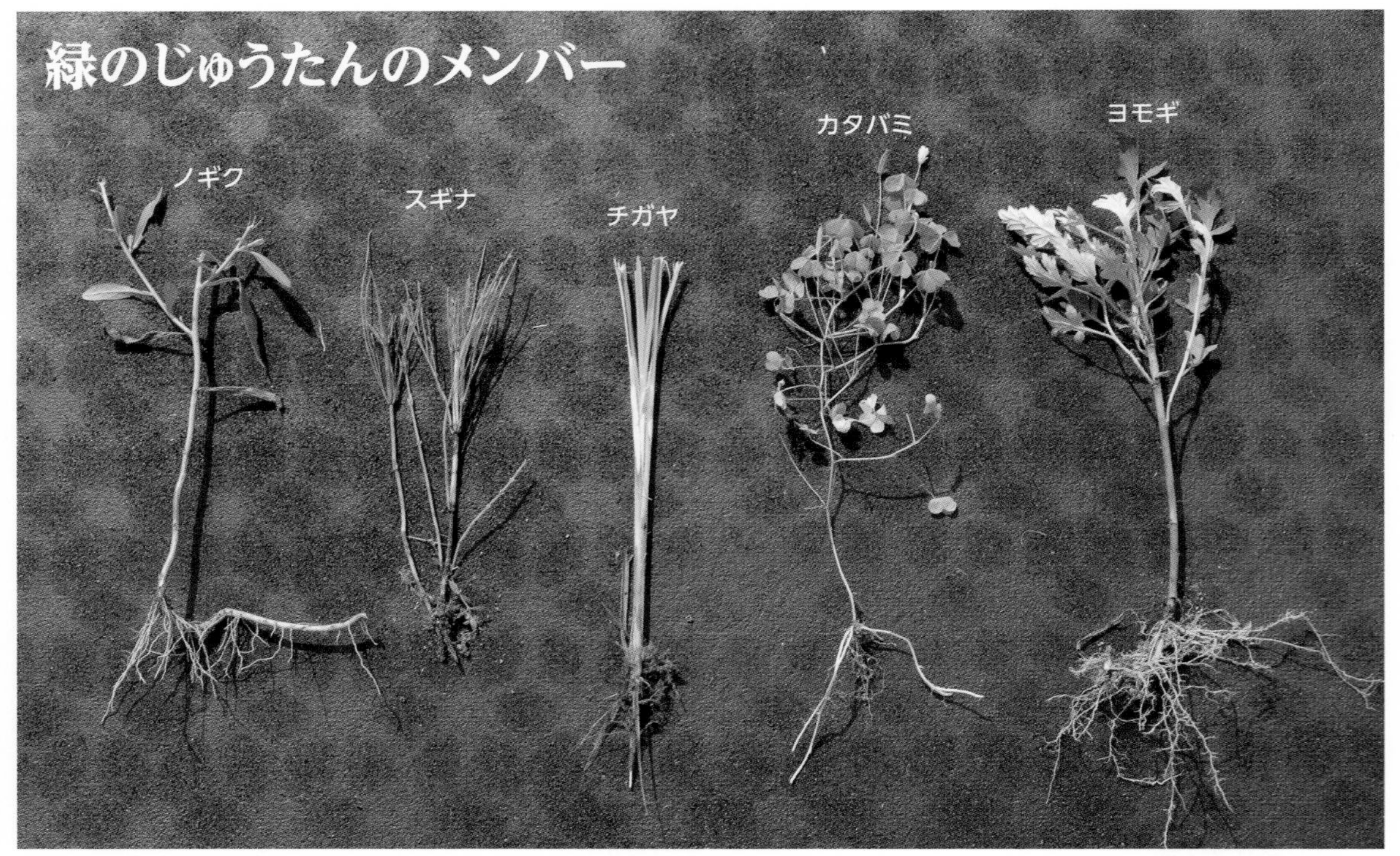

チガヤはイネ科だが、カメムシのすみかにはならない。メヒシバは1年、イタリアンライグラスは大株のもの以外2～3年で消える

草刈り1カ月後を比べると……
(6月下旬)

クローバなど、草丈の低い広葉雑草が多い。田んぼでは農薬散布なしで1等米がとれる

出穂したイタリアンライグラスが目立つ。この穂をエサにして、斑点米の原因になるカメムシがすみつく

大株イタリアンライグラスは最初に退治

2カ月後、イタリアンライグラスはほとんど枯死した。このあと生えてくる草を高刈りし、広葉雑草主体のアゼにしていく

イタリアンライグラスの大株が大繁殖したアゼ。こうなると高刈りだけでは駆逐できない。冬から早春にアゼ用除草剤（カソロン）をかけておく

天敵が増える

高刈りしたアゼには、ウンカやヨコバイなどの害虫を食べるクモがすみつき、田んぼのイネを守ってくれる

田んぼで発見したアシナガグモ

『現代農業』2015年7月号

色とりどりのアゼ

ゲンノショウコ（ピンクの花）やツユクサ（青）いっぱいのアゼもできた

ジズライザーハイで ラクラク高刈り

アップルミントが増えて、カメムシが減った

島根県美郷町●清水溥万（ひろかず）

島根県の中央部、江の川のほとりの77aで、有機の米づくりを行なっています。2004年より減農薬、11年より無農薬、17年に有機JASを取得しました。

数年前より畦畔を5cmの高刈りにして、除草の省力化に取り組んでいます。高刈りで実感している効果は次の通りです。

●イネ科雑草を抑制する。カメムシの忌避効果を期待して十数年前から畦畔・法面に植栽していたアップルミントも繁茂して、効果が高まった。

●益虫が増えた。害虫を捕食してくれるカエルやクモ類の生息域を壊しません。たった5cmでも地際刈りとはかなり違います。

●カメムシの被害が激減。カメムシ被害は慣行栽培でも減農薬でも、防除タイミングを逸すると出ていました。とくに無農薬に切り替えて3年間は被害が多く、毎年色彩選別機にかける必要がありました。

現在、7月以降は管理道以外の畦畔は草刈りを控え、カメムシを圃場へ追い込まないようにしています。その効果も手伝ってか、ここ4年間はカメムシ被害もほとんどなく、色選のお世話になっていません。

●燃費が向上。雑草の基部より少し高めの密度が低い部分を刈るのでエンジンへの負荷も軽くなり、草刈り回数も減りました。排気ガスによる環境負荷も軽減されます。

●刈り刃が長寿命化。地面の小石をはねることがなくなり、飛散する危険性もなくなりました。

刈り払い機でラクに高刈りするには、刈り刃の裏に「ジズライザーハイ」（㈱北村製作所）という、お椀形の高刈り用安定板を付けると便利です。

（『現代農業』2018年7月号）

高刈り用の安定板「ジズライザーハイ50」。直径15cm、高さ5cm、重さ180g（㈱北村製作所 TEL 059-256-5511、希望小売り価格税込3800円）

ナット（ボルト）1個で刈り刃の裏に簡単に取り付けられる。使用している刈り刃は「岩間式ミラクルパワーブレード」（28ページ参照）

ジズライザーハイを使って高刈りする筆者。無農薬で有機肥料100%、秋肥主体の栽培を実践。チッソがゆっくり効くことも、高刈りとの相乗効果でカメムシ被害を減らしていると推測

高刈りでカメムシが減るしくみ

静岡大学●稲垣栄洋

畦畔の草刈りは、害虫の発生を防ぐうえで大切な作業です。ところが調べてみると、草刈りをする前よりも、刈った後のほうが、斑点米カメムシが殖えてしまうという例が少なからず見られました。どうして草刈りによって斑点米カメムシが殖えてしまったのでしょうか？

イネ科雑草は草刈りに強い

カスミカメムシなどの斑点米カメムシ類は、水稲の登熟期のモミを吸汁して、玄米に斑紋を生じさせます。米の品質が重要視される今日では、斑点米カメムシ類はもっとも重要な害虫の一つです。

草刈りによって斑点米カメムシが殖えた理由は、そのエサとなる雑草の種類にあります。斑点米カメムシが好むイヌビエやメヒシバ、エノコログサなどのイネ科植物は、じつは草刈りに強いという特徴があるのです。

植物の生長点は茎の先端にあるのがふつうですが、イネ科植物の場合は生長点が株元にあって、葉や茎を上に押し上げて生長していきます。そのため草刈りをしても生長点が傷つくことがなく、すぐに再生することができるのです。

たとえばイネ科植物である芝生を刈り込むと、他の雑草は排除されて、シバの生育が旺盛になります。それと同じように畦畔でも草刈りをやりすぎると、イネ科植物ばかりが生き残って繁茂します。そして、斑点米カメムシが殖えてしまうのです。

刈り払い機を使っての草刈りでは、地面を削るほど気持ちよく刈ることが可能です。しかしこのことが、斑点米カメムシの被害を拡大させる一因になっているかもしれません。

高刈りでイネ科雑草が減った、カメムシも減った

やみくもに草刈りをすればよいというわけではなく、適切な草刈りを行なうことが大切です。しかし、「適切な」といわれても、どのように加減すればいいか迷ってしまいます。

そこで、草刈りの影響が強くなりすぎないように、地面より少しだけ高めに草刈りをする「高刈り」を試してみました。高刈りだと、生長点が高い位置にある広葉の植物も生き残り、植物の種類が増えます。そしてイネ科雑草だらけになるのを防ごうというのがねらいです。

斑点米カメムシのアカヒゲホソミドリカスミカメ（新井眞一撮影）

草刈りの高さで優先する草種が変わるしくみ

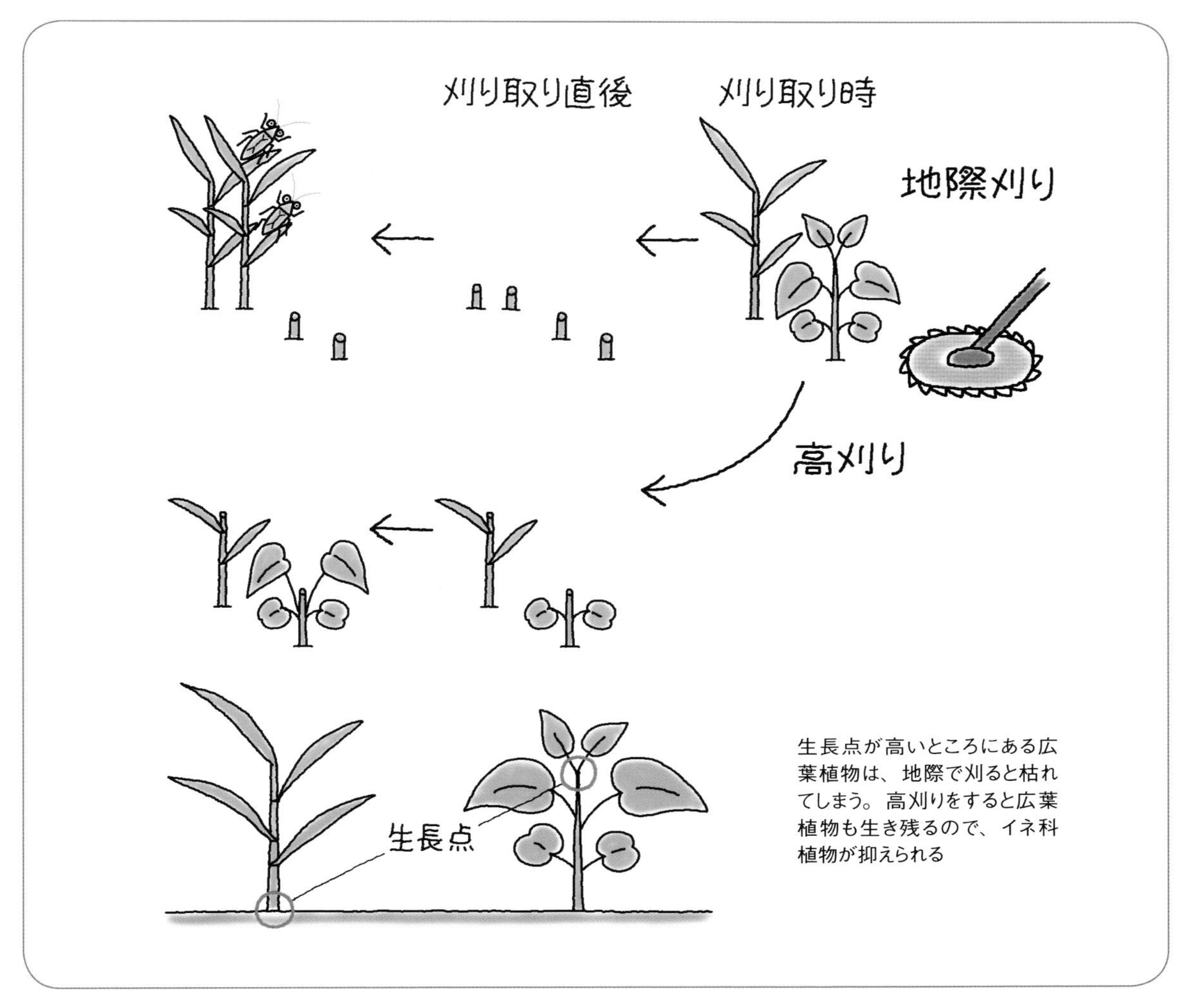

生長点が高いところにある広葉植物は、地際で刈ると枯れてしまう。高刈りをすると広葉植物も生き残るので、イネ科植物が抑えられる

静岡県内の6人の農家にお願いして、ふつうに地際で草を刈った場合（地際刈り）と、地面から5～10㎝程度で刈った場合（高刈り）の比較をしてもらいました。草刈り時期や回数は、それぞれの農家の作業日程に任せて実施しました。

その結果、いずれの場合も高刈りで斑点米カメムシのエサとなるイネ科雑草の割合が減少し、それにともなって斑点米カメムシの数も少なくなりました。とくにイネ科雑草が伸び始める5～6月から夏にかけての草刈りで高刈りをすると効果が期待できます。

高刈りをすると、すぐに雑草が伸びてしまうのではないかという心配もあります。しかし実際には、広葉の植物は高刈りによって摘心されると、わき芽が出て横に枝を伸ばすようになります。地面を這って伸びる被覆性の植物も殖えますので、心配するほど草丈の伸長は問題にならないようでした。ただし、生えている植物の種類によっては、高刈りによって草丈が伸びてしまう例も見られました（6人中、2人）。

高刈りはけっして難しい方法ではありません。草刈りをしていると群落の下のほうに、地面に這いつくばって生長している植物が見られることがあります。これらの小さな植物の頭をなでるくらいの高さで刈る

ツユクサなどの広葉雑草が優占

メヒシバなどのイネ科雑草が優占

高刈りは生きものにも人間にもやさしい

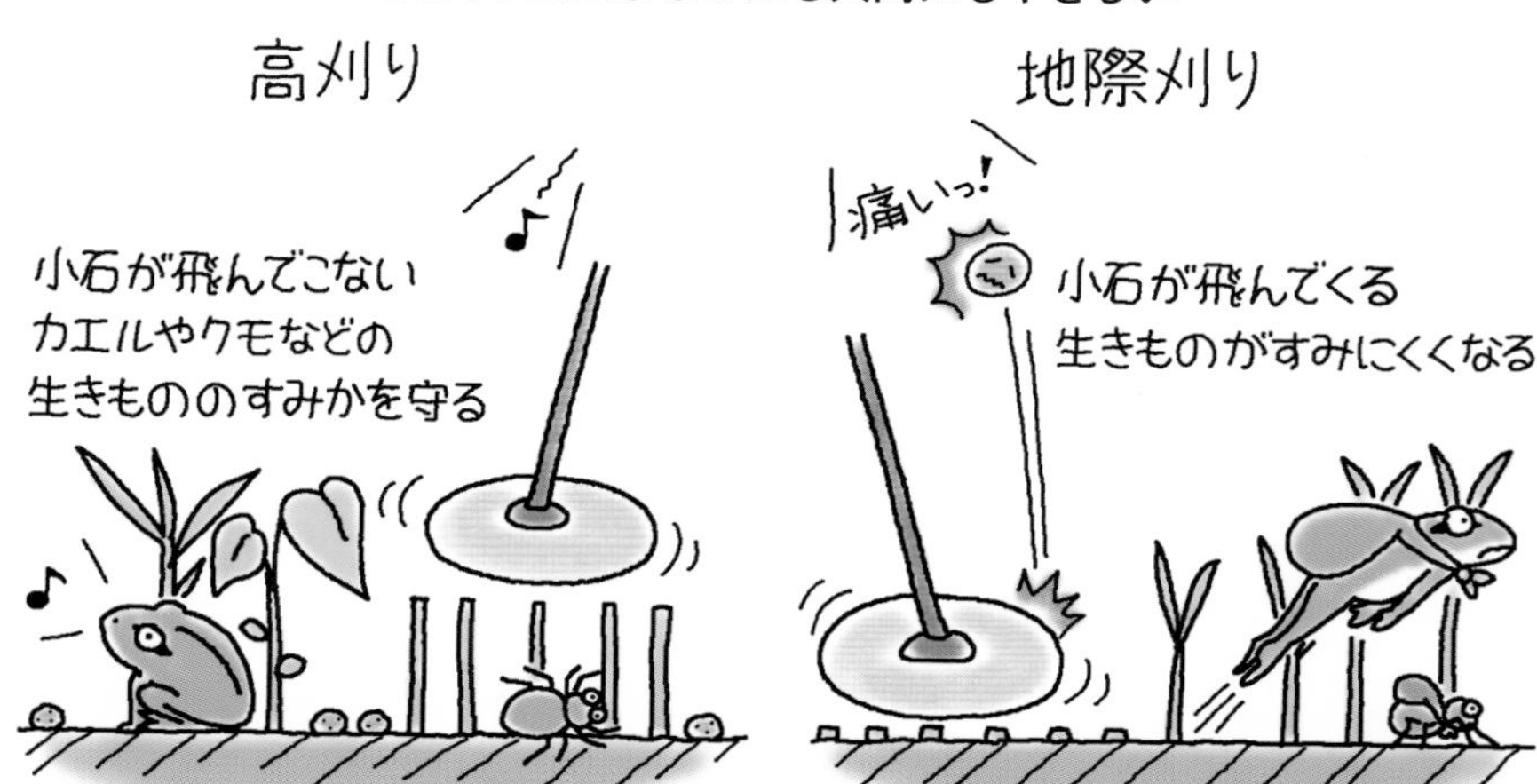

のがポイントです。

害虫を食べる生きものも守られる

高刈りの効果は、斑点米カメムシを抑制するだけではありません。畦畔などの草地は、害虫を食べて農業に役立ってくれるクモの仲間や、カエルなどの大切なすみかでもあります。植物を少し残して高く刈ることで、これらの生物のすみかも守られ、誤ってカエルの足を切ってしまうことも少なくなります。

さらに「生きもの」だけでなく「人間」にとってもやさしい方法です。刈り払い機による草刈り作業では、小石などが飛んでしまう事故が起こりがちです。しかし高刈りは、回転刃が地際に直接つかないために小石などが飛散しにくいのです。

最近では、小石がはねないよう、刈り刃が地面につかないようにする高刈り用の安定板「ジズライザーハイ50」

高刈りしたところではイネ科雑草、斑点米カメムシが減った

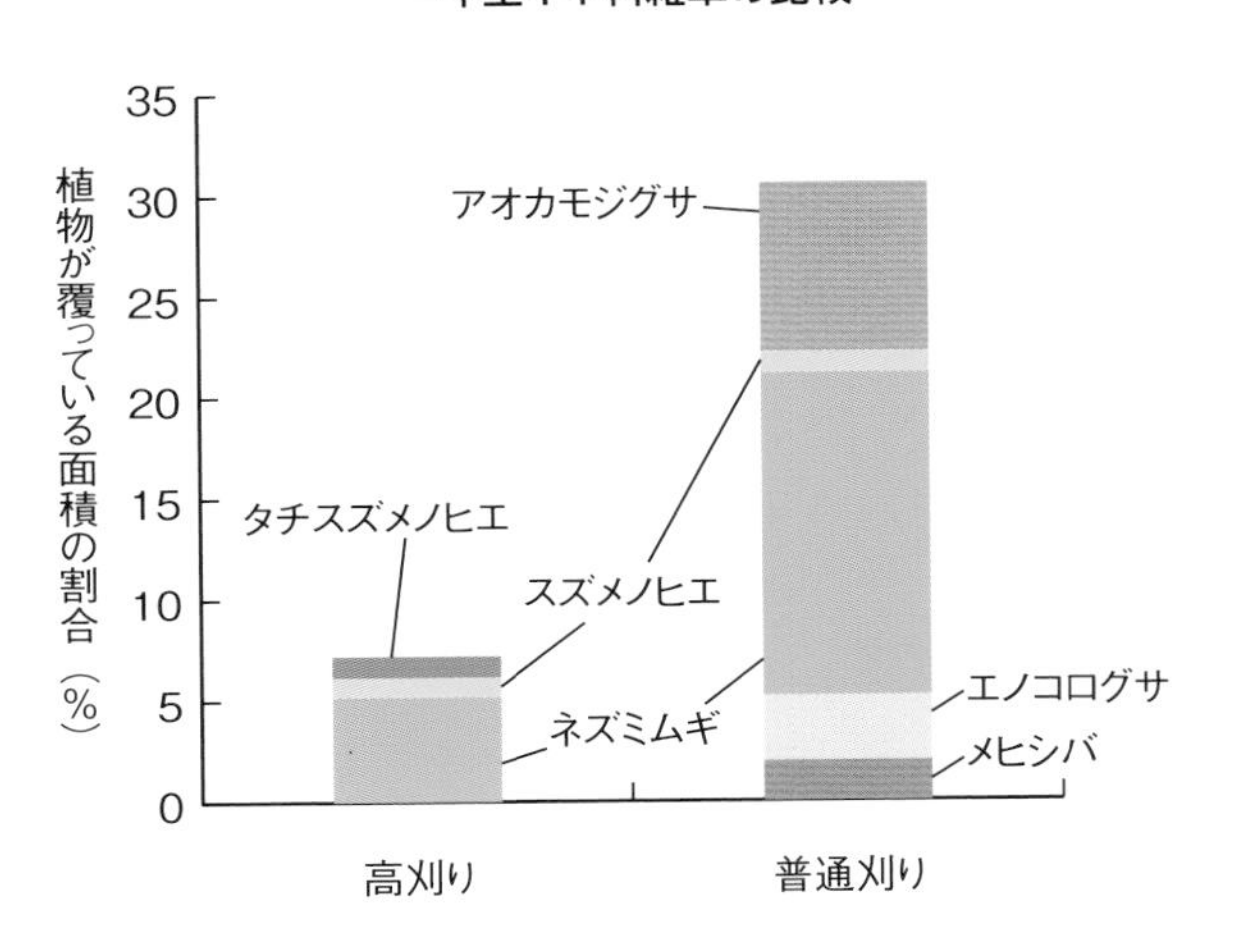

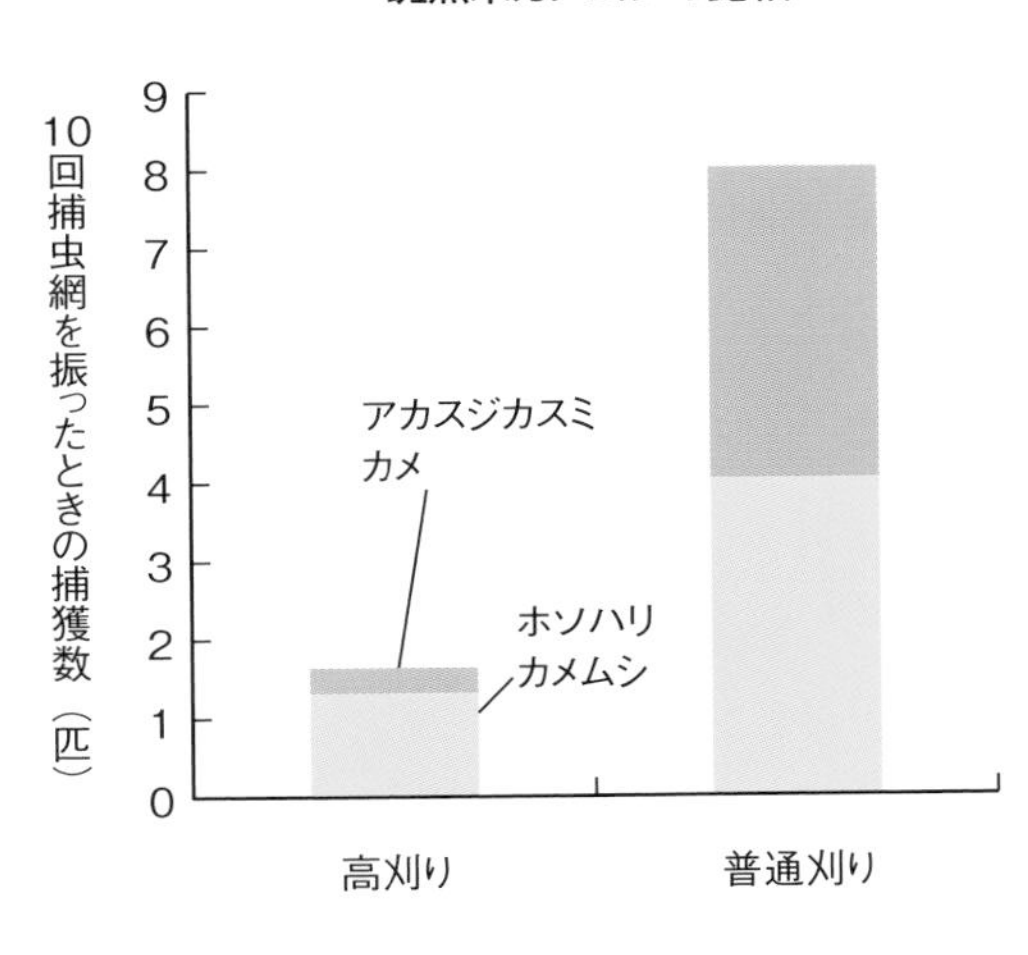

（59ページ参照）も市販されていま す。

イネ科ばかりのアゼ、広葉の強害雑草の多いアゼでは禁物

しかし、高刈りの効果は場所によって異なります。

高刈りは「イネ科雑草を減らす方法」ですが、雑草全体がなくなってしまうわけではありません。そのため、もともとどのような植物が生えているかによって効果が変わるのです。

たとえばイネ科の雑草ばかりが生えている畦畔では、効果が望めません。イネ科植物以外のさまざまな植物を保全することによってイネ科植物を抑制する方法ですから、広葉の植物がほとんどない畦畔では、高く刈ろうが低く刈ろうが関係ないのです。

また広葉の強害雑草が問題となっている畦畔も、注意が必要です。セイタカアワダチソウやアメリカセンダングサなどが問題になっているところでは、これらの広葉雑草が増加してしまうのです。場所によっては水田雑草のクサネムが殖えて畦畔から侵入し、問題となる可能性もあります。

注意深く植物の種類を観察しながら、上手に管理することが必要になります。

鎌で刈っていた頃は高刈りだった

ところで、高刈りには重大な欠点があります。それは刈り終わったときの見た目です。草が残り、刈った感じがしないということです。雑草がきれいになくなったという達成感に欠けますし、近隣の農家の方の目が気になってしまうかもしれません。

高刈りは斑点米カメムシ対策であるという意識の変革が必要です。ずいぶんと奇妙な方法に思えてしまうかもしれませんが、昔、鎌で草刈りをしていたときには、草刈り機のように地面の際で刈ることはできず、やや高い位置で草を刈っていたことでしょう。

もしかすると高刈りは、単に鎌で刈っていたときの感覚で草に接するだけの作業なのかもしれません。高刈りは雑草をやみくもに排除するのではなく、植物と対話しながら管理をしていく方法です。畦畔の一部でもかまいません。高刈りを試して、畦畔の植物の変化を観察してみてはいかがでしょうか。

（『現代農業』２０１２年７月号）

知らない頼れる機械のこと

モアでラクに

トラクタ用モア	乗用モア	自走式モア

トラクタに装着してPTOで駆動する。フレールモア、スライド式モア、アーム式モアなどがある	人が乗って運転。座席の下の刃で草を刈る。タイヤタイプやクローラ（キャタピラ）タイプ、大型、小型などさまざま。公道を走行できるものもある	人が歩きながら使う。小回りが利き、狭い場所や乗用タイプの走行が難しい斜面などでも使える
スライドしないタイプ（フレールモア） FN02シリーズ（ニプロ）、KM5シリーズ（ササキ）など **水平移動し、法面を刈れるスライド式** スライドモア（ニプロ）、オフセットモア（ササキ）など **長い法面、障害物の向こうも刈れるアーム式** ブームモア（フェリー）、ツインモア（三陽）など	**果樹園で活躍中の手軽なロータリナイフ式** 草刈機まさお（筑水）、ラビットモア（オーレック）など **せん定枝ごと粉砕するハンマーナイフ式** HMB1100（共栄社） ZHM1500シリーズ（ゼノア）など	**ハンドルが長く、斜面でも安定走行する法面刈りタイプ** スパイダーモア（オーレック）、しずかる（クボタ）など **アゼと法面を一度に刈れる二面刈りタイプ** ウイングモア（オーレック）、MGCシリーズ（丸山）など **耕作放棄地も刈れるハンマーナイフ式** HRシリーズ（やまびこ）、MF651-1（丸山）など

「モア」とはなんぞや？　草をバラバラにしてくれるすごいヤツ、というイメージの機械だが、じつは決まった定義はないそうで、刈り払い機以外の草刈り機を便宜的に「モア」と呼んでいるらしい。モア（mower）は英語で「草を刈るもの」の意。各メーカーが用途別に多様なモアを開発しており、主に「自走式モア」「乗用モア」「トラクタ用モア」に分類できる。

刃は横回転と縦回転がある

刃の駆動には横回転と縦回転があり、それぞれ「ロータリナイフ式」「ハンマーナイフ式」と呼ばれる。横回転のロータリナイフ式は、地面と水平な刃で粗く粉砕。高い草や密集した草への適応性は低いが、比較的価格も安く、刃の枚数も多いわけではないので、メンテナンスもわりと簡単。

一方、縦回転のハンマーナイフ式は、刃が多くてパワーがあるため、

モアってなに？　意外と

刃のいろいろ

ロータリナイフ式

バーナイフ

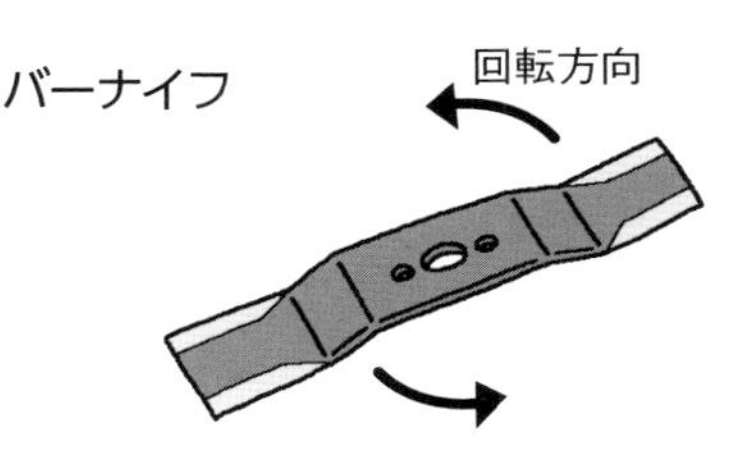

シンプルで真っ平らなものは、裏返すことで２度使える。
シンプルなので、安価でメンテナンスが容易。純正品のほか、さまざまなアタッチメント刃が販売されている。２本のバーナイフを使って粉砕能力を高めた「クロスナイフ」と呼ばれる型もある。

フリーナイフ

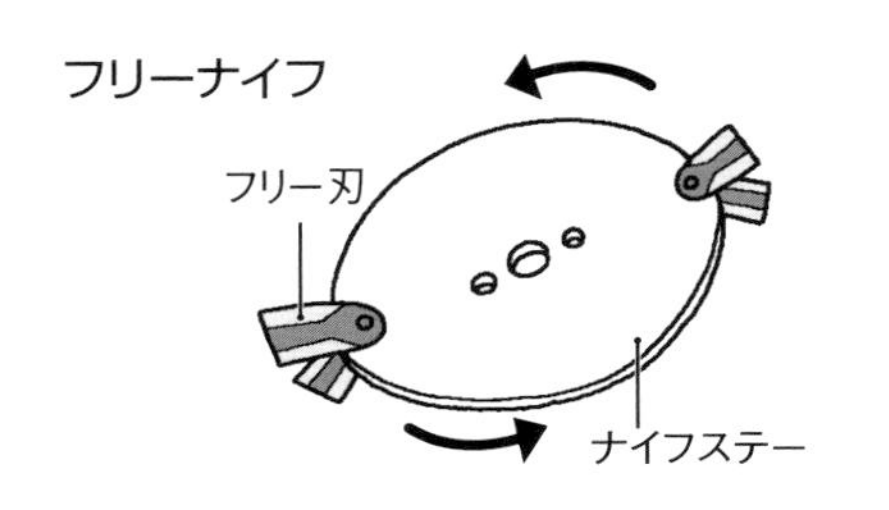

ネジで留められたフリー刃がグラリと動き、石との衝撃をやわらげる。石が円盤（ナイフステー）自体に当たらない限り、ダメージを受けにくくて長持ち。

ハンマーナイフ式

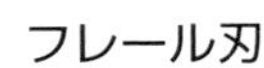

フレール刃

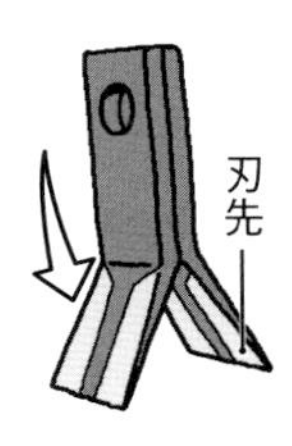

イチョウ刃

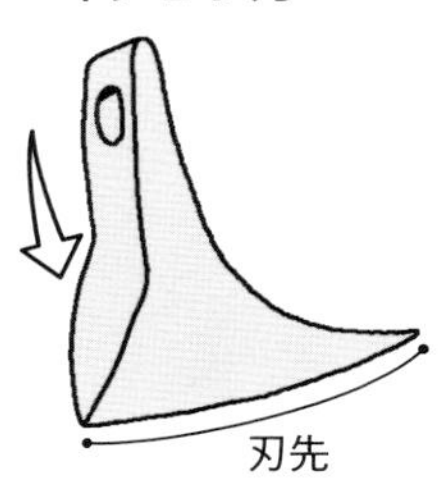

無数のフリー刃が回り、雑草を粉々に粉砕する。河川敷や耕作放棄地などに向くが、刃のメンテナンスには手間がかかり、機械も重い。また、つる性雑草は軸に絡みつきやすい。
フレール刃は２枚の刃が合わさってＹ字になっており、刃の摩耗した側を裏返すことで２度使える。

より細かく粉砕でき、刈り跡もきれいになる。耕作放棄地などにはもってこいだ。ただし比較的高価なうえ、摩耗したときの刃の交換は大変。

刃の形もさまざま

ロータリナイフ式の刃には「バーナイフ」と呼ばれる鉄板状のものと、「フリーナイフ」と呼ばれる、ディスク状の金属板の回りにグラリと動く刃（フリー刃）がついたものがある。バーナイフは安くてメンテナンスもラクだが、石などに当たると大きなダメージを受ける。フリーナイフは刃が柔軟に動いて石との衝撃をやわらげるので、刃へのダメージが比較的少ない。

ハンマーナイフ式の刃は基本的にフリー刃。なかでもＹ字型の「フレール刃」は、硬い草でも粉砕するパワーを持つ。「イチョウ刃」と呼ばれるものは、広い刃先が地面と水平に刈っていくので刈り跡がきれいに仕上がる。

（『現代農業』２０１８年７月号）

7年間放置した休耕田を

ハンマーナイフモアで開墾

山口県周南市●繁澤 求

水の量が少なく、7年前から休耕している棚田の1枚をハンマーナイフモアで刈る（写真はすべて倉持正実撮影）

Y字型のフレール刃が硬い草をチョップ。ネジ留めされていて前後に自由に動く。ロータリカバーが腐食して穴開きが発生しやすいので、3年前の買い替え時にステンレス製を購入

私がハンマーナイフモアを購入したのは平成2年頃です。刈り払い機よりラクに効率よく草刈りできる機械があると聞き、発売後間もない時期でしたが、すぐに購入しました。

その利点は、小さいながらパワーがあって草を細かく粉砕できることです。草丈1、2ｍのセイタカアワダチソウ、ササ、菜の花などもバリバリと粉砕。畑や休耕田、公園、工場の敷地など、平らな場所で機械が前進できさえすれば、使えます。草を細かく砕くので、その後にトラクタで耕耘しても草の巻きつきがなく、ロータリの負荷も少ないです。

＊

また、刈り払い機で法面の草を刈り下ろしたあとに重なった草の山を、モアで粉砕したりもします。草の体積が減るので、乾燥後に熊手で草を集めるのもラクですし、そのまま置いても腐りが早いです。次に草が伸びて刈り払い機を使うときも、刈り跡の草山が邪魔にならずにスムーズに作業できます。

モア使用時の注意点は、①草刈り場所を点検し、障害物（石、トタン、針金、ロープなど）を除去しておく。②硬い草や草の量が多い場合は刈り高さを上げる。③長いササやススキはローターの全面で刈らず、半分くらいを当てて負荷を少なくする。④つる性植物が大量にあると補助輪が引っかかったりローター内に巻き込まれるので、あらかじめ刈り払い機でざっくり刈っておくなどの処置が必要です。

（『現代農業』２０１８年７月号）

作業者は機械についていくだけだが、平坦地なら刈り払い機の10倍以上の仕事をこなす（オーレック製、刈り幅65㎝、税抜41万3000円）

背の高いススキなどの群生は刈らずに残しておき、ローターの半分を使って脇から少しずつ叩いていく

わずか25分で2aほどの休耕田の草を刈れた。トラクタですき込んで開墾し、鳥獣害の少ないキクイモとニンニクを植える予定

スライド式モア（ニプロTDC1400）（依田賢吾撮影）

スライド式・アーム式モアの最新導入事情

アゼ草刈りの労力が5分の1⁉

モアの中でも、最近目立って増えているのが「トラクタ用モア」。とりわけ法面刈りができるスライド式モアやアーム式モアが、水田地帯で大活躍。トラクタのPTOを使うから、とってもパワフル。刈り幅も広く、長い畦畔を一気に刈れる。多面的機能支払の活動や農事組合法人などで多く重宝されている。

愛知県の農事組合法人逢妻（あいづま）では、アーム式2台、スライド式1台を導入。いずれも65馬力のトラクタに装着して使用している。導入前は畦畔上面と法面上部を自走式のウイングモア、法面下部を同じく自走式のスパイダーモア、その後刈り払い機での草刈りだった。導入後は、畦畔上面や法面にアーム式モアをザッとかけた後、細かい部分を刈り払い機で処理。スピードが速く、往復回数も少なくなり、労力は5分の1程度になった。

新潟県の多面的機能支払の活動組織である向中条（むかいなかじょう）資源保全会は、スライド式とアーム式を各1台導入。それぞれ56馬力、34馬力のトラクタで使用している。平坦地なので、管理地域の法

アーム式モア

中谷農事組合法人で稼働中のアーム式モア（三陽ツインモアBM-37）。水平時のアームの長さは3.7mで、刃はロータリナイフ式。約100万円で購入した

アームの長さ（水平距離）

2.6m弱のTM-27（三陽）から、5.8mあるTGA-58Z（フェリー）までいろいろ。製品名から類推できる場合が多い

刈り幅

平均はスライド式より小さめで、1m弱程度。1.2m刈れるものもある

適応トラクタ

小さいものなら20馬力台から。アームが長いと、バランスをとるためにトラクタの重量が必要

価 格

メーカー希望小売価格は90万円台から。250万円以上のものもある

スライド式モア

島地区農地水環境保全会のスライド式モア（ニプロTDC1200-0S）。刈り幅120㎝で、ハンマーナイフ式（縦回転）のイチョウ刃。25～45馬力のトラクタに装着できる

刈り幅

多くが1.2～1.6m（ササキオフセットモアKZ160など）。広い幅を刈れる。製品名の後ろに表記されることが多い

適応トラクタ

刈り幅に応じて大きなものが必要になる。小さいものは25馬力から使えるが、60～90馬力用の大きなものもある

価 格

刈り幅のほか、刃の種類、着脱方式などにもよる。メーカー希望小売価格は80万円台から140万円台までさまざま

面、路肩のほとんどをこの2台でカバーでき、約13㎞の草刈りが2、3日で完了。以前は田んぼの持ち主が個々人で路肩や法面の刈り払い作業を負担していたが、その必要がなくなった。

買うと高いけどリースもある

しかしトラクタ用モアは、自走式モアや乗用モアよりも価格が高い。スライド式よりもアーム式のほうが、そしてロータリナイフ式よりもハンマーナイフ式のほうが高くなり、刈り幅やアームの長さによっても値段は変わる。大きな出費に二の足三の足……。そんなときに考えたいのが、リースやレンタルという手だ。

向中条資源保全会は、アーム式モアを年間44万円で5年間リース。またスライド式モアは、活動員が個人で所有しているものをレンタル費を払って借り上げ、作業委託するという形にしている。

農協などがレンタルしてくれる場合もあり、宮崎県高千穂農協では、スライド式を1日約2万円（往復の運送料を入れると約4万円）で貸し出している。

一方、茨城県の島地区農地水環境保全会は、2015年に73万円（税込）のスライド式を購入した。年4〜5回草刈り活動をしているが、試算してみると、4年間活動を続けると購入費をリース費が上回ることが判明。県の協議会に説明し、組織の備品として適正に管理することを条件として購入した。

草に隠れた障害物に要注意

トラクタ用モアにも弱点はある。

まず、石や砂利に要注意。刃が傷むだけでなく、パワーのある刃に当たった石が、家や車のガラスを壊す可能性もある。（農）逢妻では、過去3度ほどガラスを破損してしまった。前後数十mに人が入らないよう呼びかけたり、一般車のために交通整理要員を割いたりと、細心の注意が必要だ。先述の島地区農地水環境保全会では、石の多そうな場所ではモアを多少浮かす気持ちで作業している。

さらに気を付けるべきは、電柱や橋などの構造物だ。とくに草がぼうぼうに伸びていると、入水桝やパイプラインのバルブなどが隠れてしまい、気づかずに叩いてしまうこともある。

兵庫県の中谷農事組合法人では、バルブ周りに年中旗を立て、場所がわかりやすいようにしている。防草シートをかけるなどして、障害物周りの雑草の伸びを抑えられないかも検討中だという。そのほか、草刈り前に巡回して障害物近くを手刈りしておいたり、耕作者にも協力を呼びかけて危険物は除去・移動してから作業を行なうことも重要だ。高価な機械だけに、効率よく、大事に使いたい。

（『現代農業』2018年7月号）

向中条資源保全会がリースしているアーム式モア。30馬力台のトラクタで使える

モア
使いこなしのひと工夫

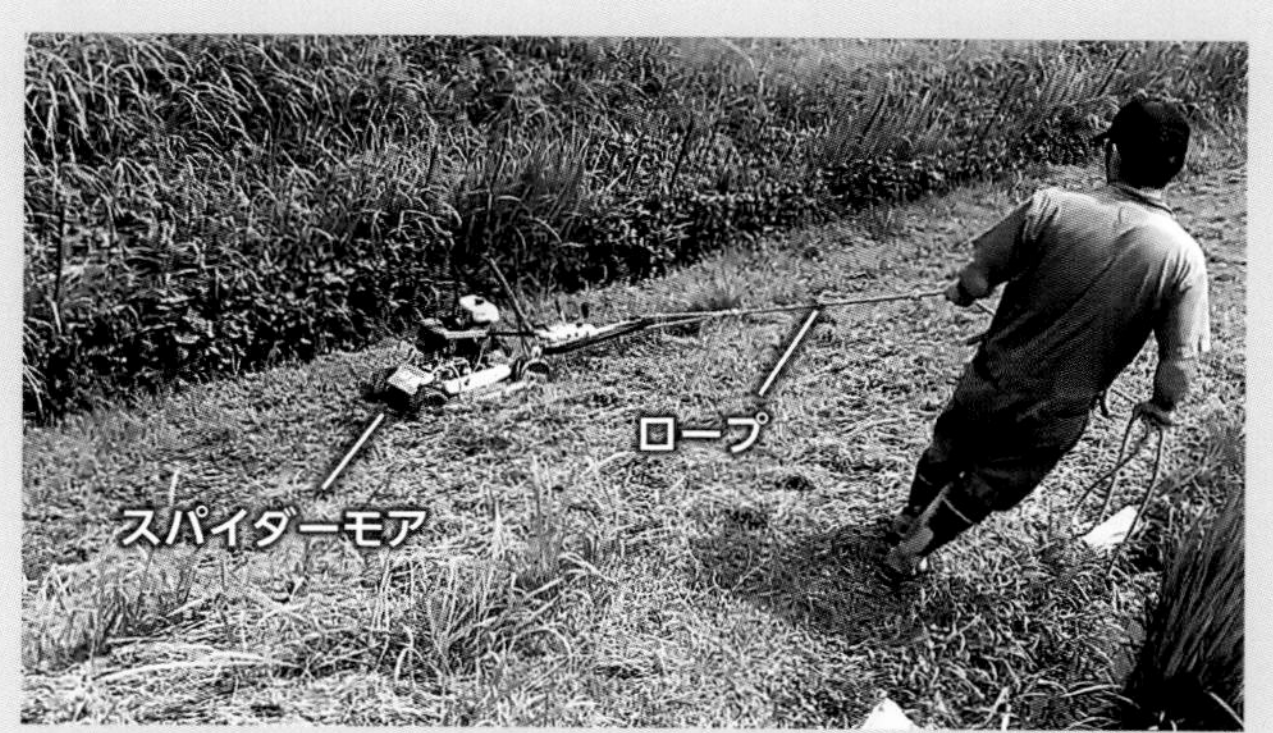

ロープ延長スパイダーモアを利用しての草刈り。
歩く速さでまっすぐ進んでいく

まるで犬の散歩!? スパイダーモアをロープで延長

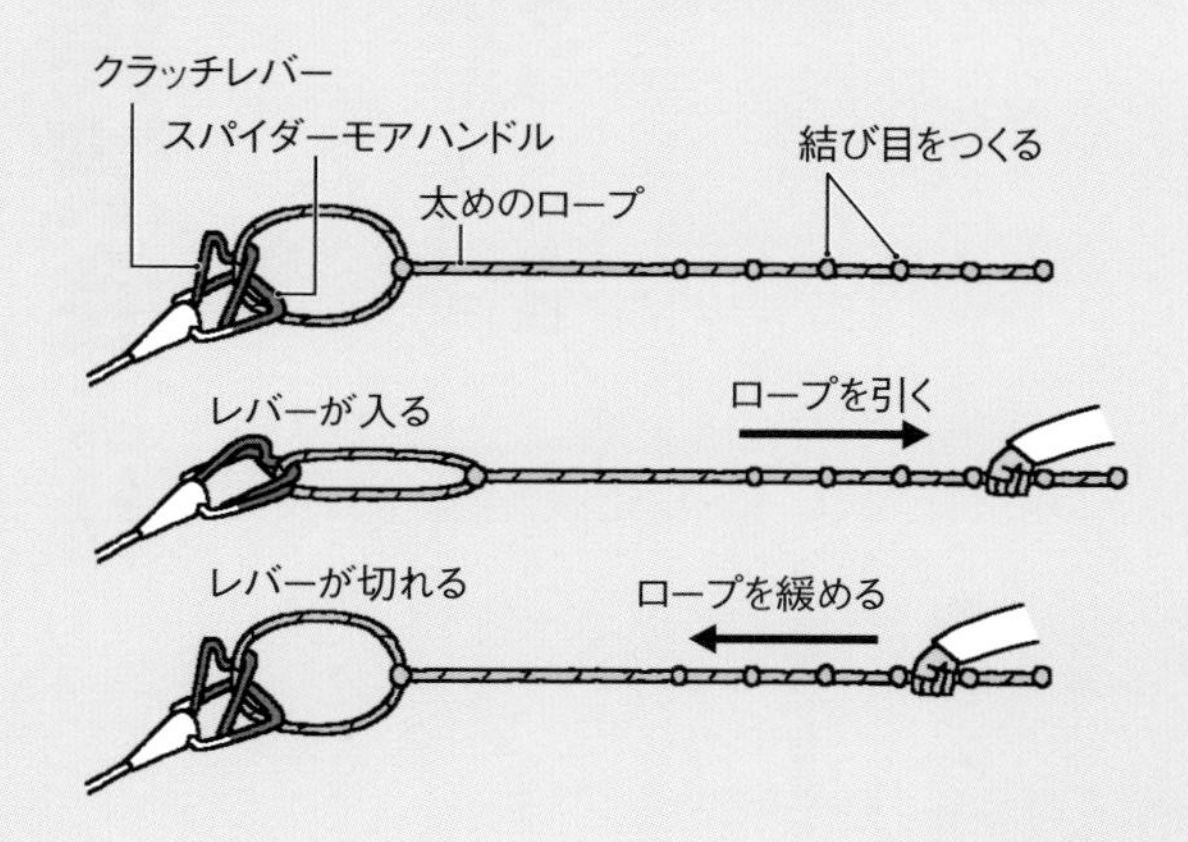

広島県の原田農園では、トラクタが入れない中山間の畦畔を刈るときに、スパイダーモアをロープで延長するそうだ。SP851（オーレック）のハンドルにロープをつなぎ、アゼ上面を歩きながら、はるか下の法面まで刈れるようにしてしまった。畦畔全体を刈るには何往復もしなければならないが、それでも刈り払い機で刈るよりずっと速いし、足場が安定して、危険も身体の負担も減ったのだとか。

ライトをつけて 夜も草刈り!?

岡山県の岡本鉄工㈱は、空港周囲の２週間での草刈りを受託。飛行機が飛ばない夜間に作業するため、乗用モアにライトを装着した。作業中、前方10mほどは確認できるが、横や後ろ、そして草の後ろはよく見えない。昼間に入念な確認作業をして、何とかやりおおせた。

夜の草刈り。ライトは4機種に取り付けた。写真は乗用ハンマーナイフモアZHM1510（ハスクバーナ・ゼノア）

大きな法面もラクラク

リモコン式草刈り機実演会より

●岩手県遠野市宮守町

岩手県遠野農林振興センターなどの主催で行なわれたリモコン式草刈り機の実演会。宮守川上流生産組合の圃場を使って4社の機械が田んぼの法面の草を刈ってみせた。

スパイダープロ ILD01 サンエイ工業(株)

ウインチを利用することで最大55度の斜面を刈れる。4輪が独立して走行するので、悪路に強く小回りがきく。

刈幅：80㎝ **刈高さ**：6～11㎝ **刈刃**：1本
最大斜度：40度（ウインチ利用：55度）
作業能力：3000㎡/h **エンジン出力**：18馬力
希望小売価格：385万円（税別）

＊ほかに出力6.5馬力・最大斜度30度のミニタイプ、24馬力・41度の大型タイプもある。希望小売価格はそれぞれ125万円、536万円

ずり落ちを防ぐため、自動で車輪が山側を向く

刈幅：50㎝ **刈高さ**：4・5.2・6.4㎝（3段階）
刈刃：1軸4枚フリー刃
最大斜度：40度 **作業能力**：492㎡/h
エンジン出力：2.65馬力
希望小売価格：92万4000円（税別）

ARC-500 (株)クボタ

谷側の車輪幅が広く、40度の斜面でも安定。斜面の角度に応じて自動で車輪が山側に向き、ずり落ちを緩和する（等高線直進アシスト機能）。

これは、なかなか
いいかも…

神刈 RJ700　㈱アテックス

走行はモーターでクローラ式、草刈りはエンジン。連続３～４時間の草刈りが可能で、燃料が切れてもバッテリーで走行できる。作業傾斜角度に応じ、自動でエンジンが左右に最大20度傾斜する。

刈幅：70㎝　**刈高さ**：３～９㎝（7 段階）
刈刃：１軸２段刃　**最大斜度**：45度
作業能力：1330㎡ /h　**エンジン出力**：18.2馬力
走行：電動モーター、最高3.1km/h
希望小売価格：333万円（税別）

agria9600　ブリッグス アンド ストラットン ジャパン㈱

ドイツ製、こちらも走行はモーター。クローラ式で重心が低いので50度の斜面でも刈れる。草丈２ｍのところも平気。５～６時間の連続作業が可能。刈り払い機15台分の作業能力。

刈幅：112㎝　**刈高さ**：５～ 20㎝（無段階）
刈刃：56㎝ ブレード２枚（２軸）、各ブレードに４枚のフリー刃
最大斜度：50度　**作業能力**：5000㎡ /h
エンジン出力：24.3馬力　**走行**：電動モーター、最高10㎞ /h
価格：約600万円

『季刊地域』2019 年秋号

ほかにもあるぞ
リモコン式草刈り機

近年続々登場しているリモコン式草刈り機。ほかにもこんな機種がある。

Lynex SX1000 グリーンラブ テクノロジー

デンマーク製。ハンマーナイフモア式なので硬い雑草や背の高いつる草なども粉々に粉砕でき、刈った草を集める必要もない。河川敷や耕作放棄地でも問題なし。斜面にも強いため、中山間地の作業にも向く。農業・土木関係からの引き合いが強い。

刈幅：100㎝　**刈高さ**：3～15㎝
刈刃：ハンマーナイフ　**最大斜度**：75度
作業能力：4500㎡/h　**エンジン出力**：23馬力
走行：ガソリンエンジン、最高5km/h
希望小売価格：450万円（税別）

お問い合わせ TEL 090-4323-3024

刈刃はハンマーナイフだから、硬い草も一発できれいに粉砕できる

AJK600 三陽機器（株）

傾斜角40度の急斜面でも草刈り可能。200m離れた場所から遠隔操作できるため、足場の悪い法面を歩く必要がなくなる。横回転のロータリナイフ式（65ページ）なので前進・後進どちらでも刈れて、Uターンの必要なし。

刈幅：60㎝　**刈高さ**：9㎝
刈刃：フリーナイフ
最大斜度：40度　**作業能力**：600㎡/h
エンジン出力：11.8馬力
走行：ガソリンエンジン、最高2.8km/h
希望小売価格：139万500円（税別）

＊農水省 革新的技術創造促進事業（事業化促進）にて農研機構生研支援センターの支援のもと研究開発

『季刊地域』2019年秋号、『現代農業』2018年7月号

果樹園の乗用草刈り機

刃の研ぎ方を変えるだけで2倍長持ち

青森県弘前市●工藤 司

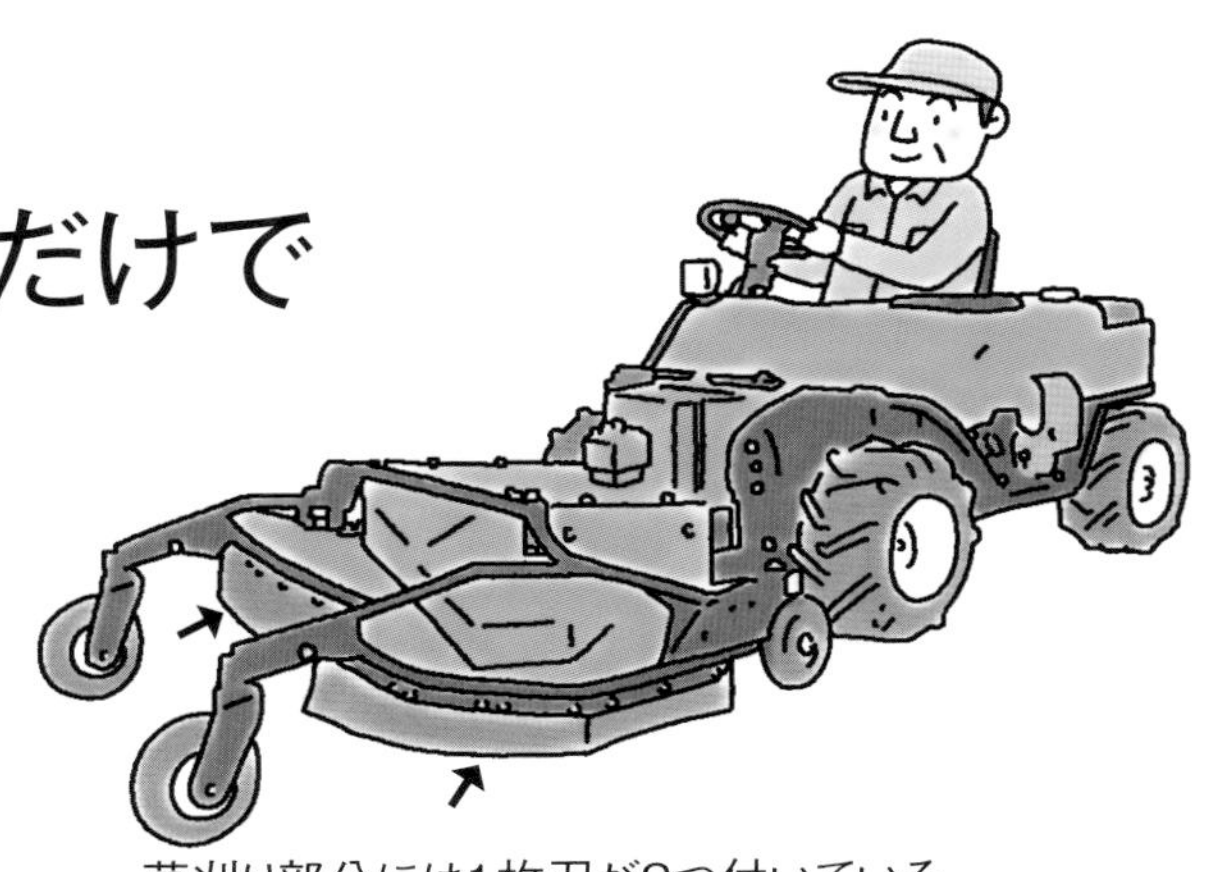

草刈り部分には1枚刃が2つ付いている

切れ味が悪いとエンジンを高速に

高校を卒業後、農業に従事し、65歳になる現在は、イネ2・4haとリンゴ2・2haを栽培しています。

リンゴ園では、和同産業の乗用型草刈り機で草刈りをしています。この草刈り機には長短2種の1枚刃が付いています。

刈り刃は使っているうちに刃先が丸くなり、切れ味が悪くなります。以前はエンジンを高速回転にすることで切れ味の悪さをカバーしながらなんとか刈っていました。

角を出して研げば丸くならない

ある日、刈り刃をよく見たら、先端の角で草を刈るから角が減り丸くなるのだと気が付きました。だったら最初から角を出しておいたらどうかと思いつき、図のように角を出す研ぎ方にしてみました。

すると、使い込んでも刈り刃は鎌状の形のまますり減っていき、刃先が丸くならな

刈り刃の先端を鎌のように角を出して研いだ様子

切れ味悪い

角を出さずにまっすぐ研ぐと、使い込んだときに刃が丸くなり、切れ味がグンと落ちる

切れ味良好

使い込んでも刃先が丸くならず、切れ味が長持ちする

いとわかりました。切れ味のよさも続き、エンジン回転を高速にしなくてもスムーズに刈り続けられます。

約1haの園地が2カ所あり、1カ所刈り終わるごとに刈り刃を裏返して使っています。それでも以前は1年で刈り刃を交換していましたが、この研ぎ方に変えてからは、最低でも2年はもつようになりました。

なお、研ぐことで刃幅が狭くなり、刈り刃が折れないよう気を付ける必要があるとは思います。しかし今のところ、折れた経験はありません。

グラインダーの角度は50度で

研ぐ際にグラインダーを寝かせると、ナイフのように薄く研げます。そのほうがよく切れそうですが、逆に刃先がすぐに丸くなって切れ味が落ち、刃の減りも早いです。50度くらいの角度で刈り刃に当てて研ぐのがよいです。

さらに、刈るときに地面まで削るようだと草刈り機に負担がかかるし、刃の減りも早まります。そこで数年前から、地面を削らないよう、刈り高さを約5cmに設定する高刈りに変えました。草刈り回数も年6回から3回に減らし、刈り刃がますます長持ちしています。

（『現代農業』2017年7月号）

モアの刈り高さを5cmに設定

アゼの高刈りはやっぱりいいぞ

北海道●Aさん

普通はメヒシバなどイネ科雑草だらけ

高刈りにするだけでクローバなど広葉雑草が優勢になる

地面すれすれではなく、ある程度高い位置で草を刈る「高刈り」。北海道で長年、米の産直に取り組むAさんも、『現代農業』で知ってから田んぼ周辺の草刈りを高刈りに変えた。

やり方は工藤さんと同様で、スパイダーモアの刃を5cmの高さに設定して刈っていくだけ。それだけで刃は長持ちするし、作業効率もよい。燃料の節約にもなる、といいことだらけ。

さらに、高刈りすると生長点の低いイネ科雑草は減り、生長点の高い広葉雑草が優勢になる。実際、Aさんのところでも、高刈りの翌年から植生がガラリと変わり、アゼがクローバだらけになった。現地を訪れた産直米の消費者が「Aさんの田んぼだけ、まわりがお花畑みたいですね」と驚いたそうだ。

（『現代農業』2017年7月号）

中古の自走式草刈り機

バックホーに付けた

岩手県紫波町●水田邦雄

刈りにくいガードレールの付近だってラクラク

古いモア、足回りは弱っても草刈り部分は健在

水稲約6haとアスパラガス20aを栽培している。若い頃に土木重機の仕事をしていたので機械の修理改造は好きで、これまでもいろいろつくってきた。

最近は、年のせいで草刈りも難儀に感じてきた。便利で性能のいい草刈り機もあるが、私の地域は山間地で法面もきつい。とくに道路沿いでガードレールが付いている法面の草刈りはたいへんである。

こうした場所では斜面も刈れるスパイダーモアを使用するが、古くなると足回りが弱る。最近も新たに買い直したところだ。ただ、古いスパイダーモアといっても、草刈りの部分は健在だ。そこで、これをバックホーに付け、道路沿いのガードレールが付いているところを刈ることができればと思い、製作にとりかかった。

コンバインの解体部品を再利用

まずコンバインの解体部品を使い、スパイダーモアを取り付けるためのフレームをつくった。フレームの前後には、刈り刃が地面に食い込まないよう、丈夫な保護ステーを付けた。スパイダーモアは車輪を外し、駆動シャフト4本を利用してフレームに取り付ける。取り付けはボルト2本で締める方式で、簡単に取り外せるようにした。

実際の操作では、アームを左右に振って刈るのが基本の動きとなる。これに斜め上下の動きも加えれば、ガードレールの際まで刈ることができる。また、駆動部分に動力がいらない分、刈り刃の回転が力強くなり、よく刈れる。似たようなアタッチメントが市販されているが、価格は100万円前後。自作すれば、ほぼタダである。

（『現代農業』2017年7月号）

取り付けるときに工夫した点

草刈り機を取り付けるフレーム。草刈り機の刈り刃が地面に食い込まないように保護ステーを付けた

フレームとバックホーのアームは2本のピンで固定

中古草刈り機は駆動部分がないので、動力がすべて刃の回転に使われてよく刈れる

用途や好みに合わせて**鎌選び**

教えてくれた人
金物の産地、兵庫県三木市で園芸用・家庭用の刃物などの生産、販売をする、㈱豊稔企販専務の光山慎二さん

昔はどこにでも野鍛冶屋さんがいて、土の質やつくっている作物、用途、使う人の好みなどに合わせていろいろな形の鎌や鍬などをつくっていたんですよ。
（豊稔企販のホームページには、全国の鎌分布図もあり。自分の住んでいる地域でよく使われている鎌がわかる）

細かなノコギリの刃のおかげで草の根元の硬い部分でもザクっと切れるし、石に当たっても欠けにくい。使ったあとよくふいておくだけで、研がなくても数年使える。

ここがギザギザ

ノコギリ鎌

刃がノコギリのようにギザギザしていて目が細かいので、イネやムギなど、繊維が強く硬い植物を刈るのに向いている。

豊稔光山作　特殊焼入鋸鎌
刃渡170㎜　1240円

刃渡

三日月鎌

鋭い刃が切れ味を発揮し、背丈のある草をスパスパ刈っていくのに向いている。やわらかい草には薄鎌が、ススキなどの硬い草には、刃が厚く耐久性のある中厚鎌がいい。

刃に厚みがある

豊稔光山作　片刃中厚鎌
刃渡180㎜　2740円

豊稔光山作　安来青紙片刃薄鎌
刃渡180㎜　2340円

小鎌

刃（刃渡）が短いので狭い場所でも使いやすく、背の低い草を根元から土ごと刈る（削る）のに向いている。関東でよく使われる。

豊稔光山作　別上鋼付小鎌
刃渡120㎜　850円

刃先

豊稔光山作
ねじり鎌（厚手）
刃渡120㎜　930円

ねじり鎌

刃先を土に刺し、背の低い草の根を引っかけて地面ごと削るようにして除草する。関西でよく使われる。

造林鎌（刈り払い鎌）

茎の太い草や細い草が入り混じっている山林で、ザッザッとまとめて刈るための鎌。柄が長く、立ったまま作業ができる。大鎌とも言う。

豊稔光山作　両刃造林鎌
刃渡240㎜　8650円

刃が少し
起き上がっている

信州鎌（草刈り鎌）

地域性のある鎌のひとつ。信州（長野県）でつくられ、千葉や茨城の一部地域で使われる。刃と柄に角度があるので、刈った草が真下ではなく、手もとのほうに寄って落ちる。

豊稔光山作　別打信州鎌　中厚
刃渡180㎜　3600円

商品のお問い合わせ
㈱豊稔企販
http://www.hounen.com/
兵庫県三木市別所町石野2-52
TEL 0794-83-6600 ／ FAX 0794-82-3738

価格はすべて税別
『のらのら』2014年９月号

農業少年が愛用

自慢の草刈り鎌

広島●東広島市　高畑充法（こうはたみちのり）くん（21歳）

造林用の大鎌

無農薬のイネづくりに取り組む高畑くん。アゼや法面を刈り払い機で地面ギリギリまで刈ってしまうと、その後イネ科の雑草が多くはびこり天敵のすみかがなくなる……ということで、刈り払い機は使わない。大鎌なら、ザッザッとまとめて刈りながらも、残したい草を選んで刈ることができる。

岡山・鏡野町●井上真徳（まさと）くん（12歳）

柄を改造したノコギリ鎌

飼っているヤギの大好物、カラムシは繊維質で硬い草だが、ノコギリ鎌ならよく切れる。子供が持ちやすいように柄を5～10㎝ほど切り、草の中に落としたときに見つけやすいよう、柄に白いペンキを塗っている。鎌を入れて持ち歩けるよう農業用のホースで袋をつくった。

兵庫・稲美町●笹倉温基（はるき）くん（12歳）

鎌とぎで切れ味抜群

温基くんが草を刈るのも、飼っているヤギのため。新鮮な草を欲しい分だけ刈るには、鎌が便利。おじいちゃんから譲り受けた鎌は、かなり年季が入っている。でも温基くんが日々鎌とぎに精をだすおかげで、切れ味は抜群。雑誌『現代農業』を参考に鎌とぎをマスターし、今や包丁とぎもお手のもの。

『のらのら』2014年9月号

温基くんイチオシ！

鎌の研ぎ方

やったるで～

1

砥石は、あらかじめバケツなどに水を張って浸けておく。滑りがよくなり、砥石の目詰まりが起こりにくくなる

峰
裏面を上に
↔は動かす方向
砥石
柄

峰
裏
表
砥石
横に寝かせた10円玉
（刃の断面図）

2

先端を右側にして、右手で刃を支え、左手で柄を持って、角度を保ちながら前後に研ぐ（峰と砥石の間に10円玉が1枚挟まるくらいの角度）

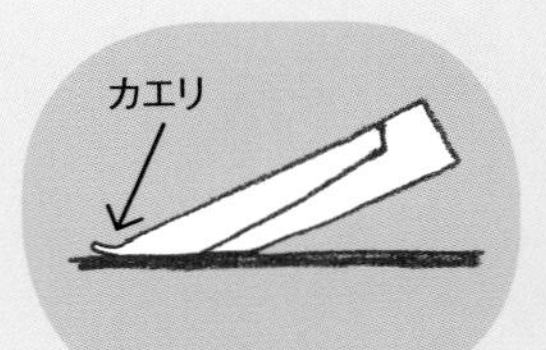

3

数回繰り返して研ぐと、カエリができる（指先で裏面をなでると、軽くひっかかる感じになる）
全体にカエリがつくよう刃の先端→真ん中→元のほうを順番に研ぐ

4

裏面にできたカエリをとるため、砥石にぴったりつけるよう寝かせてやさしく研ぐ。指先で触って、カエリがとれていたらOK

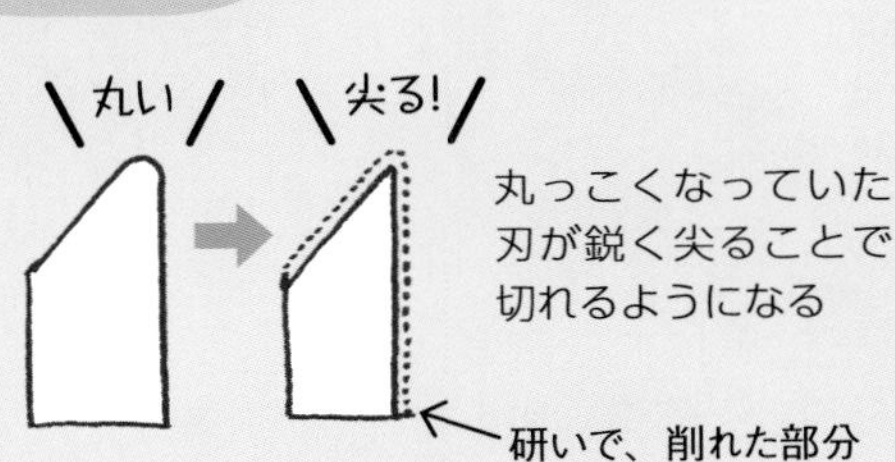

丸っこくなっていた刃が鋭く尖ることで切れるようになる

これはもう快感！

大鎌すべらせ、草刈りスイスイ

長野県松本市●中川原敏雄

刈り払い機はたしかに便利だが、振動や大きな音が苦手という人もいる。だったら、両手で持って立ったまま使う大鎌での草刈りはどうだろう。燃料は不要。意外と広い面積も刈れ、とにかく刈っていて気持ちがいいらしい。今回、大鎌の名人・中川原敏雄さんがその魅力や使い方を教えてくれた。信州では今、大鎌が密かなブームになっているそうだ。（編集部）

筆者（写真はすべて黒澤義教撮影）

大鎌草刈りを28年研究

民間の種苗会社に勤めた後、（公財）自然農法国際研究開発センターで品種の育成に携わり、定年後も農家として長野県松本市にある畑で野菜の育種を続けています。

不耕起草生栽培による育種に取り組んでおり、今年で28年目です。野菜のウネ間に牧草を生やして土壌生物を増やし、草丈が40㎝前後に伸びた頃に刈り倒して土に還し、土を豊かにしてタネを育てる栽培法です。

この栽培を始めたばかりの頃、いちばん苦労したのが草刈りでした。はじめは刈り払い機も使っていましたが、肩こりに悩まされました。草に集まるカエルを傷つけてしまうことも問題でした。

かといって片手で使う小鎌では、広い面積を刈るのに時間がかかります。そこで、西洋鎌のような両手で持って立った姿勢で使う鎌ができないかと鍛冶屋に相談したところ、刃渡りが約30㎝の払い刈り鎌に135㎝の長い柄を付けた大鎌を紹介されました。

しかし、硬い草を刈るための中厚の刃だったため、重くて使いこなすのが一苦労。腕の振り方や柄の握り方もいろいろ工夫しました。試行錯誤を重ねて10年ほどかかりましたが、ようやく2反歩ほどの畑の草や土手の草をうまく刈れるようになりました。

大鎌での草刈りの様子。刈った草はそのまま敷いておく。夏場は地温上昇の抑制になる

アゼの草刈りも大鎌でできる。斜面の上から下に向かって刈る。刃を横に振り抜きやすいので平地よりもむしろ刈りやすい

信州鎌と出会い、さらに開眼

5年ほど前、この鍛冶屋が高齢で引退されることになり、ほかの鍛冶屋を探して長野県北部の信州鎌をつくる組合に相談した際に、今使っている信州鎌の大鎌と出会いました。使いやすい角度に柄込(えこみ)を調整し、最も軽い柄を選んでつくってもらったところ、総重量も700gほどでとても軽く、サクサクと草もよく切れました。この鎌なら、何年も経験を積まなくても誰でも大鎌で草刈りできる、と確信しました。

まだ若くて体力があった頃は、鎌を振り回すような力任せの刈り方をしていました。いくら大鎌を使っても、これではずいぶん疲れてしまいます。しかし、信州鎌に出会ってからは、鎌の重さを利用して横に払うだけの省力的な刈り方に変わりました。疲れが少ないので長時間でも草刈りできるようになりました。

年々優しい草が増えていく

大鎌の草刈りにはちょっとしたコツがあります。草を刈るときに、刃全体を使って一気に刈ろうとすると、刃長が長いぶん抵

払い刈り用の信州鎌は一直線の刃面が特徴。柄込の角度を変えて、振り抜くときに地面と刃が水平になるように改良した

草刈り鎌には、細刃型（三日月型）と広刃型（半月型）の大きく２つのタイプがある。細刃型は片手でつかんだ草に刃をあてて引きながら刈る「つかみ刈り」用で、主に中部や関西以西で使われてきた。広刃型は鎌をすばやく振りぬいて刈る「払い刈り」用で、関東や東北以北で使われてきた。

中川原さんの大鎌は、広刃型の信州鎌で、刃線が一直線で鋼の部分が極めて薄いのが特徴。薄刃なので軽く、カミソリのような切れ味。鎌の背は厚く強度がある。払い刈りにはとても向いている。

柄の長さ135㎝前後で総重量700gほど。持つと意外に感じるほど軽い

抗が大きくなって力が多く必要となってしまいます。信州鎌はよく切れるので、草に対して刃先から横へすべらせて払うように刈ります。すると刃先から順に草が切れ、抵抗も少なくてすみます。

また、刈り払い機などでの草刈りは、地際まで刈るので土が乾燥しやすく、荒地に適応した草が次第に増えていきます。一方、大鎌は、刈りムラは多いですが環境への負荷は少なく、年々優しい草が増えて、草刈りも次第にラクになっていきます。

大鎌草刈りはスポーツだ

70代に入りましたが、大鎌を使い続けてきたおかげで全身運動になり、体力維持に役立っています。季節や天候によって草質が変化するので、それに合わせて刈り方を変えてみたり、体力の衰えに合わせて鎌の柄を長くして脇にはさみ、体全体を使って刈る方法に変えてみたりしました。大鎌の技を極めることが生きがいになっています。今も15ａの草生畑を草刈りしていますが、おかげさまで若さを保っています。

信州鎌の伝統の技が込められた大鎌は、作業性だけでなく、スポーツ性もあり環境保全にもつながります。大鎌が見直され普及することを願っています。

（『現代農業』２０１８年７月号）

徹底解説

中川原さんの**大鎌を使った草の刈り方**

大鎌の草刈りは腕次第。よく切れるので適当に使っても草は刈れるが、慣れれば慣れるほど体も疲れず、ラクに早くきれいに草を刈れる。刈り方のコツを詳しく教えてもらった。

基本の刈り方

後ろから見た様子

刃が水平にすべるように動かし、切れ味を活かすことがポイント

右手の脇を締めて鎌を構えたら、右足に載せた重心を左足へと移す勢いで振る。刃が草に当たったら腹に力を入れ、最後は横に払うように振り抜く。腕の力で振り回さず、刃の重さを利用する。体も断然ラクになる

うまく振り抜けると、刃先から順に草を刈り払えて、抵抗も少なくてすむ。逆に刃全体を当てていっぺんに刈ろうとすると、抵抗が増えてよく刈れず、かえって疲れる

取材時に撮影した動画がルーラル電子図書館でご覧になれます
http://lib.ruralnet.or.jp/video/

ほかにもこんな刈り方ができます

ダイナミック刈り（西洋の鎌風に）

柄を逆手に持って体全体で振り抜く。振り抜く力も多く必要になるが、広い面積をスピーディーに刈れる

小まめ刈り

刃の重みを利用して、重心移動は少なくしてスナップをきかせながら刃を水平に振り抜く。ウネ間など狭いところを刈る場合のやり方

大鎌の実力判定！
刈り払い機と草刈り競争

右は自然農法国際研究開発センターの田丸和久さん。刈り払い機を日々の仕事で使っている。刈り払い機の田丸さん、大鎌の中川原さん。16mのウネ間を早く刈ることができるのはどっち!?

スタート！

刈り払い機はエンジンをかけるところから開始。作業がすぐ始められる大鎌がリード。排気ガスのニオイもしないし、マスクやエプロンが必要ないのも大鎌のよいところだ

刈り払い機のスピードはさすが。すぐに追いついてきた

ムムム

好勝負

しかし、名人が使えば大鎌もかなり高速。引き離されずに互角のたたかい

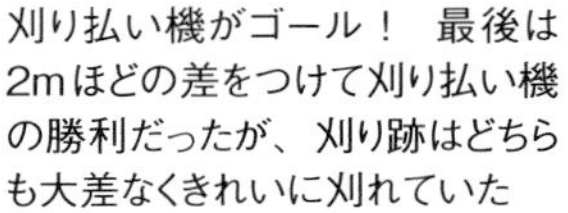

刈り払い機がゴール！　最後は2mほどの差をつけて刈り払い機の勝利だったが、刈り跡はどちらも大差なくきれいに刈れていた

研ぎも大事、切れ味をキープ

大鎌は刃の切れ味が命。水を入れたバケツと砥石を一緒に持ち歩き、切れ味が落ちてきたらすぐに研ぐほうが効率よく作業できる。「大事に使えば10年は使えますね」

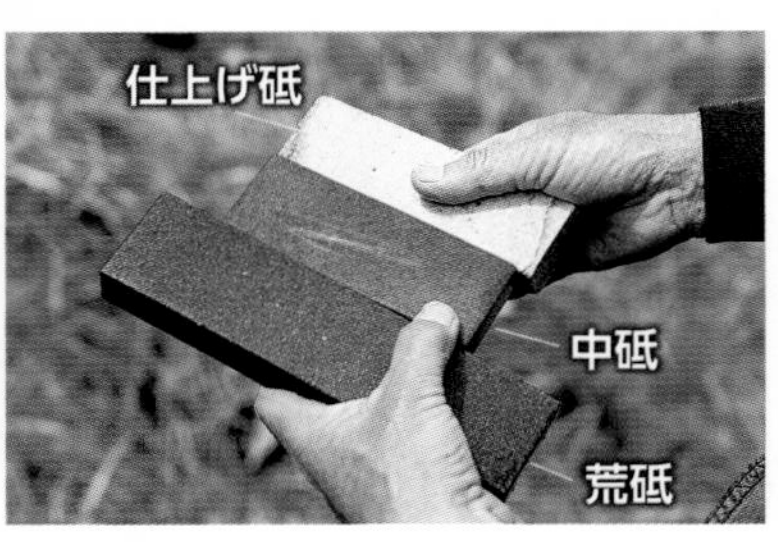

研ぎ方は包丁などと同じ。荒砥、中砥で形を整えてから仕上げ砥で研ぐ。最後に裏返して仕上げ砥で軽く研いでバリ（返し）を取る

大鎌は女性・高齢者にもピッタリ

うまく刈れると音が違います

ザクッって音がきもちいい！

3年前から大鎌草刈りを実践中の永井泉さん（右）。「刈り払い機は怖い感じがするし、給油作業も嫌い。大鎌はうまく刈れるとおもしろいほど心地よい。練習して体の疲労感を感じないくらいに使いこなせるといいな」

鎌自体が軽くて力もいらず、自分に合わせて刈り方も工夫できる大鎌は、女性や高齢者にも合っている

みなさんも大鎌草刈りにぜひ挑戦を！

草を刈れば刈るほど健康になる。柔道、剣道ならぬ草刈り道。大鎌草刈りはスポーツだ

＊中川原さんの大鎌は受注生産。製作のご相談は長野県信濃町の㈱油屋　小林与市商店（TEL 026-255-2001）まで

Ⅲ

畑の草取り、定番道具と裏ワザ

農家が惚れる　定番草取り道具

直売農家

村上カツ子さんも惚れた**三角鍬**

熊本県合志市●村上カツ子さん

ナズナを観察する村上カツ子さん。田が3ha、畑が1haある。2012年、『現代農業』に「1日2万円売れんとイヤ! 直売所名人の畑から」を連載

冗談で、自分は「畑で生まれたかもしれん」と笑う村上カツ子さん。子供の頃から学校を休んでは実家の野菜づくりを手伝い、21歳で嫁いでからもずうっと農作業に明け暮れてきた。たぶん性分なのだろう、畑に草が生えていると夜も眠れず、「早くせにゃ、早くせにゃ」と除草に追い立てられるという。でも、現実は忙しくて手がまわらないことも……。

三角鍬に惚れた

やはり最初が肝心、と痛感しているカツ子さんは、除草剤をまくときも早め早めを意識している。これがもし草が大きくなってからだとうまく効かないこともあるし、また芽吹いて再生してしまうこともある。畑に枯れ草が横たわるのも、見苦しくていただけない。一方、雑草が発芽してすぐ除草剤をササッと散布しておけば効果的だし、薬液の量も少なくてすむという。

とはいえ、カツ子さんには近頃こんな実感もある。

「昔はとにかく除草剤、除草剤という考えでしたが、今は違います」

たとえば、草を「削る」感覚でウネ間や条間に管理機をかける、人力カルチベータを引く。そして最近とくにハマっているのが、三角鍬だ。知り合いが畑で使っているのを見てついつい欲しくなったそうだが、これが見事に「当たった」。

条間が狭くても細かな除草ができるし、野菜を傷つける心配もない。軽くて扱いやすいので、気がすむまでガジガジできる。足の靭帯を切り、しゃがむことができなくなってしまったカツ子さんにとって、作業がラクになるのはなによりなのだ。

「こらあ、いい。今はこの三角鍬にすっかり惚れとります」

（『現代農業』2017年5月号）

お気に入りの除草道具

人力カルチベータ

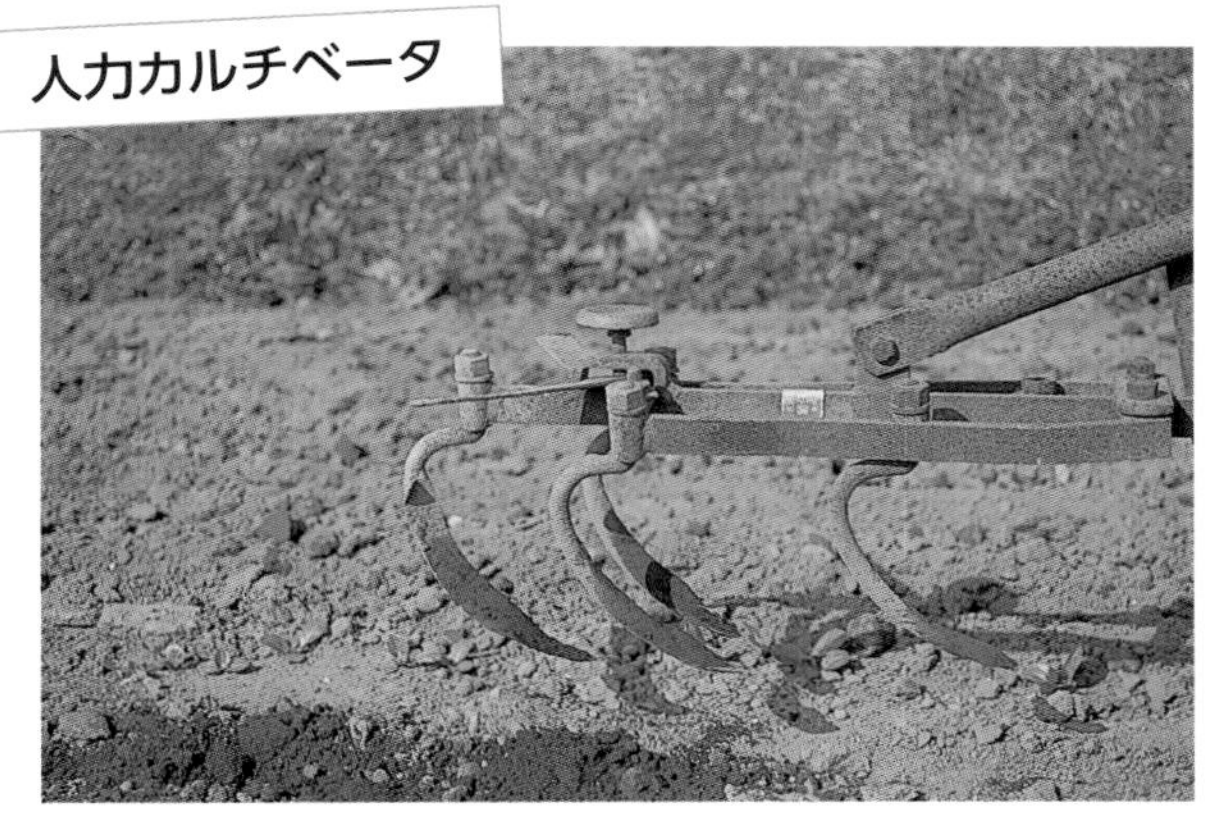

前後左右に4本の爪がついている

条間をバックして、人力カルチベータを引く。ホウレンソウ（条間35㎝）などの畑で使用

三角鍬

あらゆる除草で活躍。タマネギの苗床（条間25～30㎝）には人力カルチベータが入らないので、三角鍬が便利。キャベツ畑（条間60㎝）は、はじめ管理機を使うが、次第に葉が広がるので三角鍬に切り替える。葉を切り落としたり、傷つけると病気にかかりやすくなるが、三角鍬ならその心配がない

鍬の横側や角を使って、草をガジガジ削る

就農した頃から愛用

柄の長い三角鍬

山形県河北町●牧野 聡

愛用の三角鍬。柄が約1m40cmと長い。
ホームセンターで4000円ほど

柄の長い三角鍬がおすすめ

脱サラ後に家業を継いで10年になりますが、就農した頃から使い続けている草削りの道具があります。それは、どこのホームセンターにでも置いている柄の長い三角の草削り鎌（以下、三角鍬）です。

基本は野菜の株間の除草などに使います。柄が長いことで腰の負担が少なく長時間の仕事も可能ですし、遠くのウネの除草もできます。尖っているところと平らなところを使い分けることで、株元ギリギリまで削ることもできます。

筆者。イネ、大豆、メロン、直売野菜や西洋野菜、オウトウを栽培

さらにちょっと溝を掘ったり、ちょっと土を揚げたりもできるので、マルチャーを使うときなどにも便利です。また、ステンレス製なら土もつきにくいです。

イネプール育苗の整地に活躍

この三角鍬がわが家でもっとも活躍するのは、春、イネ育苗ハウスの床面を整地するときです。育苗器で出芽させた苗をハウスに並べるギリギリまで直売所用の葉物野菜や西洋野菜をつくるので、野菜の残渣や雑草の処理はこの鍬で削り取ることで済ませてしまいます。

本当ならば耕耘してすき込むはずですが、苗の出し入れに軽トラをハウスの中まで出入りさせたいので、あえて鍬で削り取ります。三角鍬の削り取る力は意外と強いですし、尖ったところを使えば根も掻き出せます。これ一本で床面をつくることができるのです。

鍬でつくった床面に敷きビニールを張り、プール育苗をします。ハウスに軽トラを入れてもぬかるむことなく、苗運びの腰の負担も少なく、出し入れができます。

もし持っていない方は、一本持っていて損はないイチ押し道具だと思っています。

（『現代農業』2014年5月号）

鍬と鎌の選び方

三重県松阪市●青木恒男

右が使いやすい谷上げ鍬。
刃は小さいが、作業性は抜群

私の経営の柱のひとつ、「直売所農業」には30ａの水田転換畑を使っています。この粘土質土壌での耕作は、黒ボクや砂質土壌に比べていささか難物、鍬1丁で管理するのも正直大変な仕事です。鍬や鎌など農家が手作業で使う農具は、買い方や選び方をよく考えないと、あとになっての苦楽が経済的にも体力的にも雲泥の差になります。

鍬は刃が命

▼谷上げ鍬

現在私が「鍬」として使っているのは、ウネづくりや土寄せ、ときには浸水したウネ間の浚渫（しゅんせつ）といった力仕事に使う「谷上げ鍬」と、密植作物の株間の除草や土寄せといった繊細な作業に使う「三角ホー」の2本です。

上の写真は私の谷上げ鍬です。2本の鍬ですが、似たような姿の鍬ですが、使ったときの作業性のよさや疲労感はまるで違います。

谷上げ鍬は、刃の薄さ、土離れのよさ、滑りのよさが命です。右のものが理想の鍬。左のものは右に比べて全体にのっぺりして平板で、縁の曲げも直線的で小さいため強度が弱く土団子が付着しやすい。それに底面の接地面積が大きいため、引くのに力がいります。次の買い替えのときには迷わず右を選ぶでしょう。

▼三角ホー

谷上げ鍬と並ぶ私の主力農具は、三角ホーです。この鍬に求めるのは、草の根と葉をサクサク切断して、土の表面をカミソリのように薄く剝る切れ味です。写真は刃

筆者と愛用する三角ホー

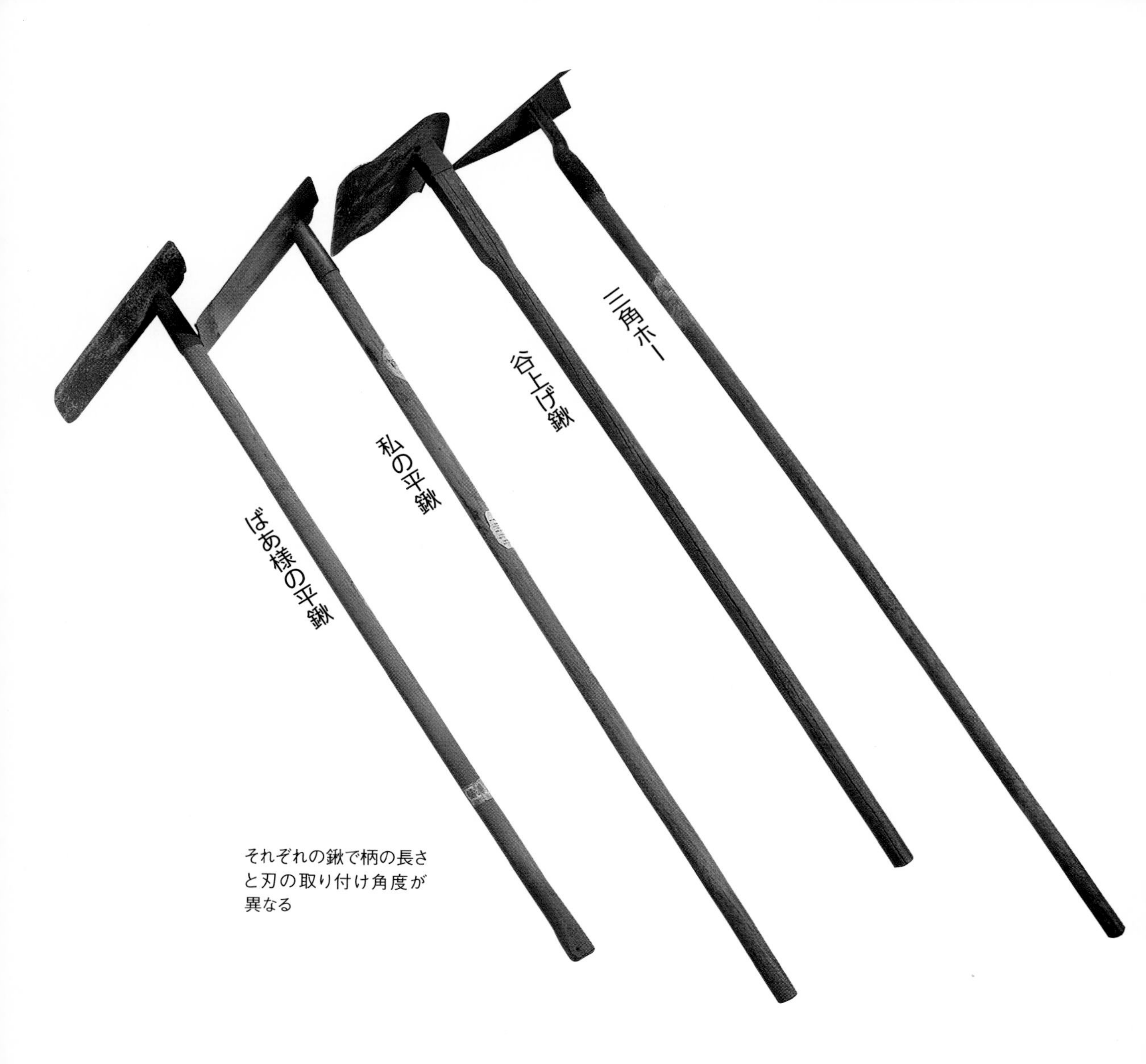

それぞれの鍬で柄の長さと刃の取り付け角度が異なる

先を拡大したものですが、使っているうちに刃が研がれていくので、切れ味が鈍くなることはありません。

本物の「黒サビ」を見分ける

鍬や鎌などの農具、ノミや鉋（かんな）などの大工道具や包丁など日本の伝統刃物の構造は、ごく薄い鋼（刃金）とベースになる軟鉄の貼り合わせになっています。これを鍛造したのち、焼き入れなどの熱処理をして強度を持たせるのですが、軟鉄と鋼の硬さの違いが、長く使っても鍬の切れ味が変わらない理由なのです。

また、鎌や鍬の地肌が黒いのは熱処理の過程で「黒サビ」が自然に付くからで、これが赤サビや腐食から内部を守る保護被膜の役割もしているのです。

したがって、黒サビは真っ当な商品を見分ける目安にもなるのですが、最近はカラー鋼板をプレス加工して柄を付けただけのものや、黒ペンキで塗装してあって内部の様子がわからない商品も多く見かけるので注意が必要です。

鍬によって適した柄の長さは違う

上の写真は、私とばあ様が使っている鍬です。横から見るとそれぞれ柄の取り付け角度が違い、柄の長さもそれぞれの使い方

ノコギリ鎌は、刃が指先にひっかかるようなら、サビていてもまだ使える

三角ホーの刃先。数時間使用後のものだが、刃先は鋭いまま

に合わせて30㎝ほどの差があります。これらは自分がラクに仕事を行なえるよう選んできた鍬です。鍬を買うときには実際の作業姿勢で商品を構えてみて、自分の体力や体格に合ったものを選ばないと後々大変です。

たまにしか使わない鎌は安物で十分

鍬とは違って、鎌はたまにしか使いません。私が使うのはノコギリ鎌ですが、使用目的は小学生の米つくり体験学習で「昔のお百姓さんはこうしてイネ刈りしてたんだよ」と数株のイネを刈って見せることと、コンバインに常備しておいてクサネムやヨシなど、イネ刈りの邪魔になる大きな草を刈り取るくらいです。

秋作業が終わった時点で指先にぶら下げてみて、やじろべえ状態で引っかかるようなら赤サビがついていても切れます。オイルスプレーをひと吹きして来年までしまっておきます。

刃こぼれしたり、指先に乗らないほど鈍っていたら、トラクタや管理機のロータリに巻きついた草の掃除や泥落としに使い切って捨てます。ホームセンターの安売り品なら198円ですから、惜しげもなく新品に替えるのがいいでしょう。

柄は安っぽい白木がよい

鍬や鎌は、柄の材質も重要です。樫などの堅木や金属製よりは、安っぽい軟らかめの白木がよいようです。扱いが軽くて、雨や汗で濡れても手が滑りにくいからです。

（『現代農業』2015年1月号）

野菜の条間で活躍

穴あきホーと中耕除草機

東京都八王子市●鈴木俊雄

たがやす

押し引きすると多数の爪が回転し、均一に中耕・除草できる。耕幅が5cm、7cm、9cmの3タイプある。 価格は9000 ～ 1万1000円（税別）

販売元：㈱向井工業
大阪府八尾市福万寺町4-19
TEL 072-999-2222

けずっ太郎

片方は平刃で、もう片方はノコギリ刃。刃幅が7.5cm、10.5cm、12cm、17cm、22cmの5タイプある。参考価格は4300 ～ 5200円（税別）

販売元：㈱ドウカン
兵庫県三木市鳥町271
TEL 0794-82-5349

ホウレンソウ、コマツナ、カブをそれぞれ数反歩ずつ作付けていて、125cm幅で5条播きのベッドが多いです。条間に出た雑草をそのままにしておくと、丈が伸び、風抜けが悪くなり、野菜が腐ります。

そこで中耕除草機の「たがやす」を転がしたり、穴あきホーの「けずっ太郎」を使い、発芽して間もない雑草を抑えています。「たがやす」は条間をザーッと押していくので、スピードが速く効率的です。「けずっ太郎」は軽くて力がいらず、サッと表面を削れます。土を余計に動かす心配もありません。

草が10cmほどに大きくなったときは、地下足袋をはいて踏みつけます。収穫期間の短い作物は草を一時的に抑制するだけで、ほぼ問題なく収穫できます。

（『現代農業』2017年5月号）

根こそぎ引き抜く

草取りカギカマ

静岡県浜松市●中村 訓さん

静岡県浜松市で創業81年の種苗店(有)浜名農園を営む中村さんが、「世界で一番」というほどおすすめなのが、写真の「草取りカギカマ」。

普通の草刈り鎌は、文字どおり草を刈るために根が残り、すぐにまた草が生えてくるもの。でも草取りカギカマは、次に草が生えてくるまでの時間が長く、たいへん助かるという。その理由は、雑草の根まで一緒に抜き取ることができるから。

図のように雑草の根元に刃をひっかけてもう一方の手で雑草を握り、テコの原理で抜き取って使うとたいへんよくとれる。ギザギザに不規則に波打った独特の形状の刃は雑草によくからみ、驚くほどラク。刃長9cmと小さめのサイズは、株間や株元の草取りに最適だ。

中村さんは、普通の草刈り鎌より体が疲れないとも感じている。種苗店のお客様にもすすめていて、利用者からもたいへん好評。なかには刃長が半分以下にすり減るまで使い込んだ方もいたそうだ。

(『現代農業』2017年5月号)

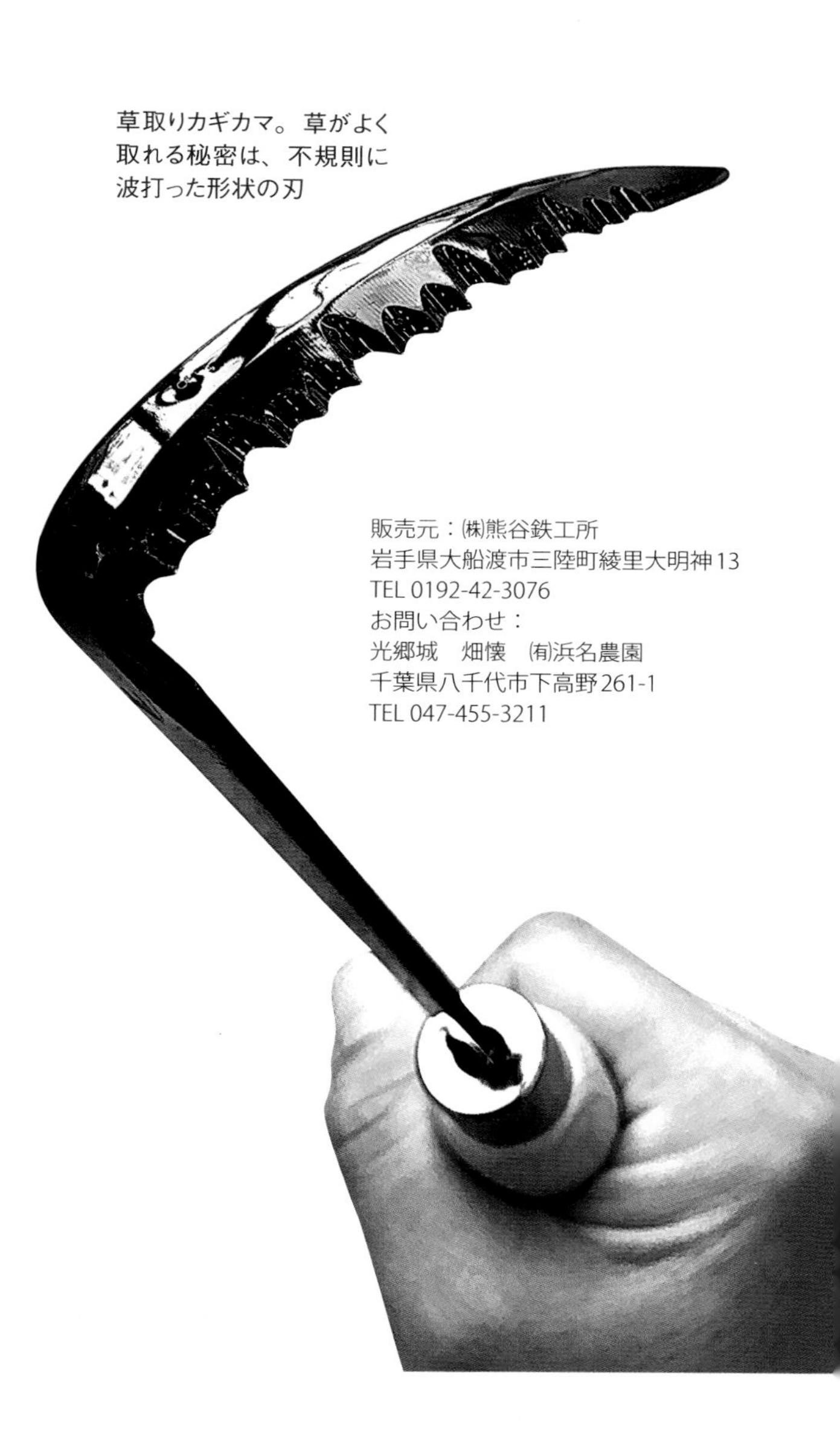

草取りカギカマ。草がよく取れる秘密は、不規則に波打った形状の刃

販売元：㈱熊谷鉄工所
岩手県大船渡市三陸町綾里大明神13
TEL 0192-42-3076
お問い合わせ：
光郷城　畑懐　㈲浜名農園
千葉県八千代市下高野261-1
TEL 047-455-3211

刃に草を引っかけたら、もう一方の手で草を押さえ、テコの原理で株元から上に引き抜く

雑草抜けて、作物抜けない

高速株間除草ができるホウキング

福岡県桂川町●古野隆雄

筆者とホウキング
（赤松富仁撮影、以下も）

株間除草が楽しくなる

私は、40年近く百姓百作、水田輪作有機農業を続けてきました。

春3月、水田輪作の田んぼにコマツナやホウレンソウのタネを条播きします。しばらくすると一斉に出芽。同時にスズメノテッポウやナズナやホトケノザ、ハコベ、カラスノエンドウなど春の雑草がダラダラと発生します。コマツナやホウレンソウの株間は3～5㎝です。三角鍬で株際をギリギリ削り、最終的には手除草で株間の草を抜く以外にありませんでした。これはけっこう根気のいる仕事でした。

しかし今は、鉄製の松葉ぼうき（熊手）を利用した揺動式除草犂で株間除草を楽しんでいます。これを「ホウキング」と名付けました。１００ｍのウネのホウキングにかかる時間は、約1分。ひざを曲げずにできます。

春ジャガイモは50ａつくります。以前は株間除草が間に合わず、土寄せしても雑草が突き出ている状況でした。ところが今は、芽が出てきたところをホウキングで株

ホウキングを早足で引き、野菜の上から土の表面を引っ掻いていく。100mにかかる時間はわずか1分

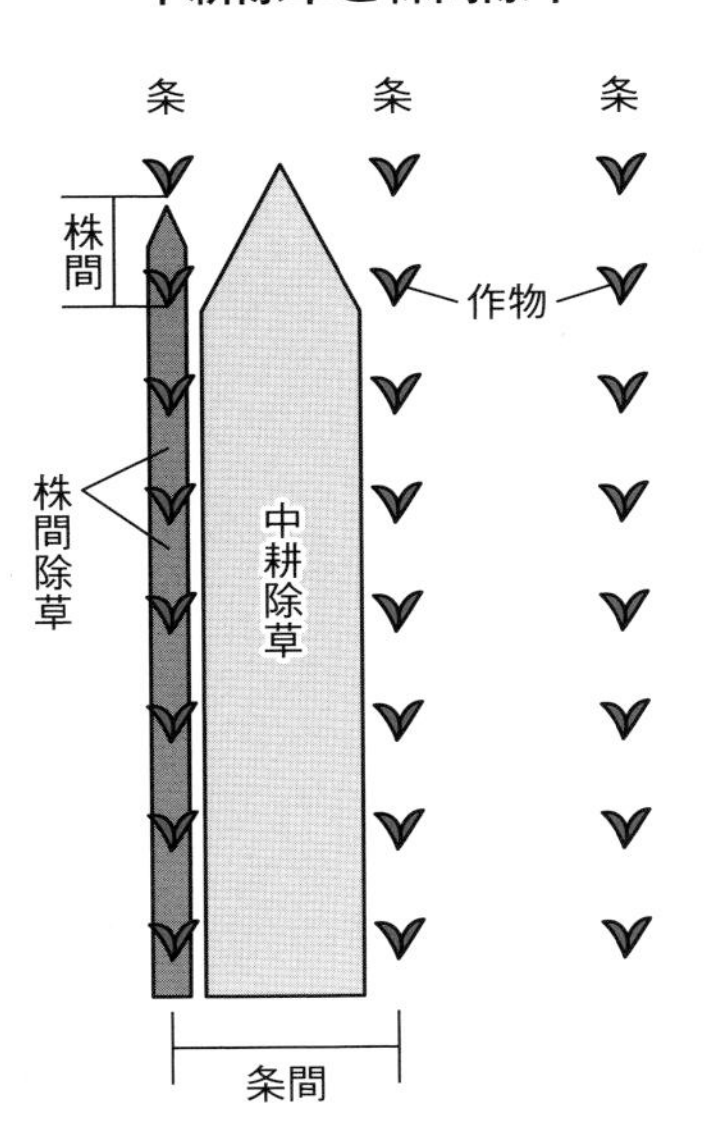

中耕除草は機械化が可能だが、株間除草は非常に難しく、選択除草の技術が必要となる

間除草。ウネ肩の除草もホウキングでラクにできます。ホウキングでジャガイモづくりも楽しくなりました。

読者の皆さんは、株間除草をどうしていますか？　春風に吹かれながら、シンプルで楽しいホウキングに挑戦してみませんか。除草の考え方が、根本的に変わると思います。

作物は傷つけず、雑草だけを取る

作物は普通、列状に播種・定植します。条間の除草を「中耕除草」といい、株間の除草を「株間除草」と呼びます（上図）。一般的に条間は、鍬や管理機、トラクタで連続的に除草でき、機械化も可能です。一方、株間は、作物に隣接したり、絡みつくように雑草が生えるので、刃の回転する除草機は使えません。従来は三角鍬や手作業が中心でした。

株間除草を小力化するには、株間を除草しながらも作物を傷つけず、雑草だけを取っていく「選択除草」が不可欠です。ホウキングの技術の本質はそこにあります。

選択除草のしくみについては、初期の作物の根と雑草の根の違いに注目すると理解できます。一般的に土壌表面直下から細い根を広げる雑草に対し、作物の場合は深さ2～3㎝に播種された場所から比較的丈夫

90度に曲がった針金（バネ鋼）の先が地面に1㎝くらい刺さった状態で引っ張られることで、上下左右前後に激しく揺動。4連構造、計24本の針金が複雑に動き、シャカシャカという軽快な音とともに、草だけ引き抜いていく

な根を広げています。

ホウキングの針金は、その中間にあたる深さ1㎝ほどに突き刺さり、上下左右前後に揺動します。そのため、雑草は根ごと土ごと動かされて枯死し、作物の根には影響しないのです。

浅く耕し、土を解す

ホウキングによる除草の原理をもう少し詳しく見てみましょう。

乾いた田んぼをホウキングし、シャカシャカという軽快な音を立てながら進んでいくと、串刺しになった切りワラが上がってきます。小刻みな上下の揺動で土の中のワラが刺さり、地上部に上がっていくのです。それなりに強く激しい上下運動といえます。

4連構造のすべての針金の先端部が、上下左右と前後に複雑な揺動を繰り返し、土をはじくように進んでいきます。株間の土が解され、陽光と風でフカフカになります。その結果、株間全体が除草されます。

このことを「浅耕解土」と名付けました。ホウキングが浅く耕し、土を解していく現象です。これこそバネ鋼（針金）の特技かもしれません。深さ1㎝の土はフカフカになって草が枯死し、もっと下の土とタネは掘り起こされません。その後の雑草の

野菜は、写真のコマツナのように地表から2～3㎝下で根を広げていることが多く、ホウキングしても抜けない

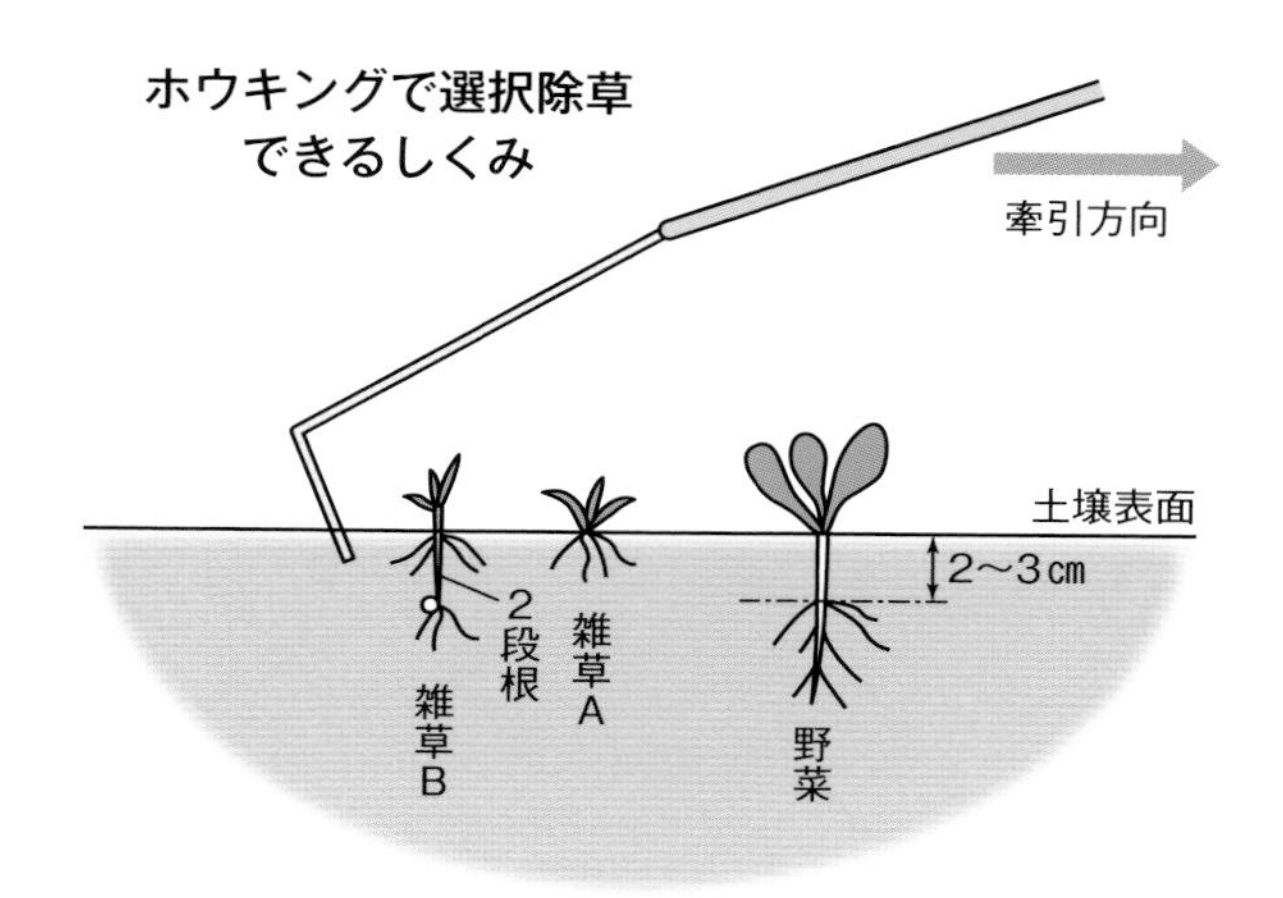

野菜の根は土中2～3㎝から根を張るが、地表面から発芽した雑草は表層から根を広げる（A）。地中から芽が出た雑草も2段根となり表層からも根を広げる（B）。そのため、地表から1㎝の深さで揺動するホウキングの針金に、雑草の根のみが引っ掛かる

芽生えたばかりの雑草は、写真のように地表面直下で細い根を広げているか、まだ根が発達していない。揺動する針金が細い根を引っ掛けたり、土ごと動かして枯死させる

発生は、こうして抑えられます。

針金を斜めに傾ける

『現代農業』２０１７年５月号でこの技術について発表した後、複数の農業機械の専門家から「針金を斜めに構えることで、推進力を左右の動きに変えたところがユニーク」と教えていただきました。

最初の頃は左右対称に扇形に切った針金（松葉ぼうき）でキャベツの条の上を引っ張っていました。すると株間の草だけが残ったので、「やはり作物がある株間は除草できないのか」と諦めかけました。

ところが、研修生が撮ってくれたスローモーションビデオを見ておもしろいことに気づきました。扇形の中心から柄の延長方向にまっすぐ延びた針金だけは、まったく揺れていなかったのです。そこで、すべての針金を斜めに傾けてみると、どの針金も左右に揺動するようになったのです。その角度は何度が最適か、現在もいろいろ調べています。

以上のような除草の原理を意識しながら、ホウキングを手づくりしてみましょう。自分でつくるといろんなことがわかってきます（つくり方は104ページ）。

最初の頃につくったホウキング（2連式）。中央部の針金より斜めに向いた端の針金のほうが左右にしっかり揺動している

ホウキングで株間除草をしたレタスのウネ。「浅耕解土」によって表層1㎝、幅24㎝の土がフカフカ、コロコロに

ほとんどの作物に対応できる

ホウキングのすばらしい点は、多種多様な作物に対応できる汎用性にあります。乾田直播のイネ、ムギ、ダイズ、アズキ、ソバ、トウモロコシなどの穀物はホウキングに最適の作物です。種子が大きいので、胚乳の栄養で初期にしっかりと根を張り、茎葉も丈夫で弾力性があります。

イネやムギはかなり丈夫なので、ホウキングで抜けることはほとんどありません。だから1日に2～3回連続してホウキングすることが可能です。こうすると浅耕解土の効果が顕著に表われ、土がフカフカになってよく乾きます。

ジャガイモやサトイモも初期の株間除草はもちろん、ウネ肩や斜面の除草もラクラクできます。

播種野菜は、ダイコン、カブ、コマツナ、シュンギク、ミズナ、チンゲンサイ、ゴボウ、ニンジンなど、なんでもホウキングできます。とりわけコマツナ、カブ、シュンギクは意外と丈夫。ゴボウ、カブ、ダイコンが又根になることもありません。

雑草との生育差の大きい移植野菜もホウキング向きです。キャベツ、ブロッコリー、レタス、タカナ、カツオナ、タマネギ、九条ネギ、ニラなど、株間除草がラクにできます。キャベツは定植後4～7日でホウキングできます。ところが今のところ、なぜかハクサイはうまくいっていません。根の構造によるのでしょうか。

移植野菜は、やや小さめの苗を早めに植えてホウキングを始めるのがいいでしょう。苗が大きいと葉が針金に引っ掛かったりして抜けます。とくに徒長してL字型に茎が曲がった苗は引っ掛かり抜けやすいのです。

ホウキングの適期は、土を掘って作物と雑草の根を観察して、自分で判断していきます。左の表は昨秋調べた私の田んぼでの適期です。春の野菜は状況が違いますので、参考程度にしてください。

上手にホウキングするために

ホウキングを効果的に使うために、以下のようなポイントがあることもわかってきました。

▼耕起は土をやや細かく

作物の播種、定植前の耕起・ウネ立ては、晴れて土が乾いている状態で丁寧にして、土をやや細かくし、大きな雑草が生き残らないようにします。大きな雑草がたくさん根付くと、ホウキングでは対応できません。ホウキングで対応できるのは、初期の小さな雑草です。

なお、ウネ全体の土を細かくする必要はありません。アッパーカットロータリは表層が細かい土になりますので最適です。

▼中耕除草もホウキング

最初はホウキングの効果に夢中になって、株間除草ばかりしていました。気が付くと条間やウネ肩に生えた雑草が大きくなっていました。

昨年秋から、株間除草をした後、引き続き条間やウネ肩のホウキングもするようにしてます。もちろん、条間のホウキングも１００ｍ１分のスピードです。

逆に、まだ作物が小さくて株間のホウキングができない頃から条間やウネ肩のホウキングをしておけば、容易に除草できます。この方法でその後の株間も安定してホウキングができるようになりました。

▼播種前ホウキング

現在、ハウスの中に九条ネギと太ネギのタネを播いています。ここは播種前の４日間ホウキングをして、多発していた雑草を枯らしました。浅耕解土の効果は高く、草は今のところほとんど生えていません。

ニンジンやホウレンソウなど生育の遅い野菜の場合、播種１カ月前から週１回ウネをホウキングしておくと、その後の雑草の発生量はかなり少なくなります。

▼繰り返しホウキング

従来の除草技術と同じで、ホウキング一発で除草が完了するわけではありません。何回か繰り返しているうちに、針金の複雑な揺動で土が解されフカフカになり、雑草の発生も少なくなります。

作物がある程度大きくなったら、集中して2～3回繰り返しホウキングをすると、目に見えて雑草が少なくなります。この春も、ホウキングした後、何週間で雑草が生えてくるか観察・調査しているところです。

（『現代農業』２０１８年5月号）

持ち上げると雑草が見事に引っ掛かっている。ホウキング中は、抜いた草が次々振り落とされていく

ホウキングの適期

作物	葉齢	播種後日数
コマツナ	2.5～3葉	20日
ラディッシュ	2.5葉	14日
ベカナ	3葉	20日
レタス	4葉	10日（定植後）
カブ	3葉	20日
ダイコン	2.5葉	15日
ニンジン	2.5葉	25～30日
ホウレンソウ	3葉	20日

（筆者の農場にて、2017年秋調べ）

ホウキングをつくってみる

1 材料はホームセンターなどで売っている金属製の松葉ぼうき（熊手）。筆者が使っているのは、針金の太さが3㎜、先端の折れ曲がった部分9㎝、放射状の部分35㎝のもの。4本用意する

2 松葉ぼうきについている放射状の針金は18本。このうち6本のみを残して、残りは大きめのクリッパーを使って切断。右利きの場合はウネの左側を歩くので、柄から見て左側の6本を残す。また、針金の間隔を6㎝に調整。

ホウキングの製作・実演会には日本在住の外国人も参加。安価で道具を手づくりできるホウキングは、日本に限らずアジアの小農が自給できる技術

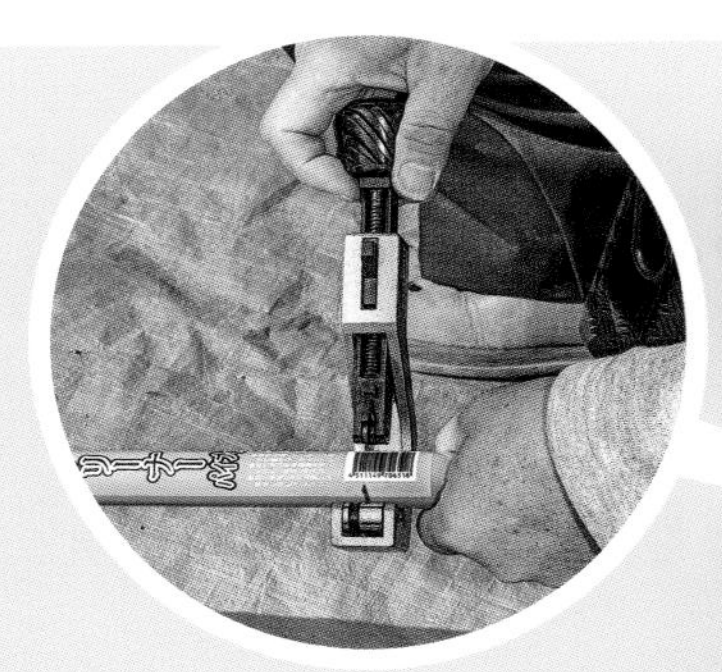

パイプカッターを使えば、ラクにきれいに柄を切断できる

調整の金具はいったん外し、通す穴の位置を変えてはめ直す

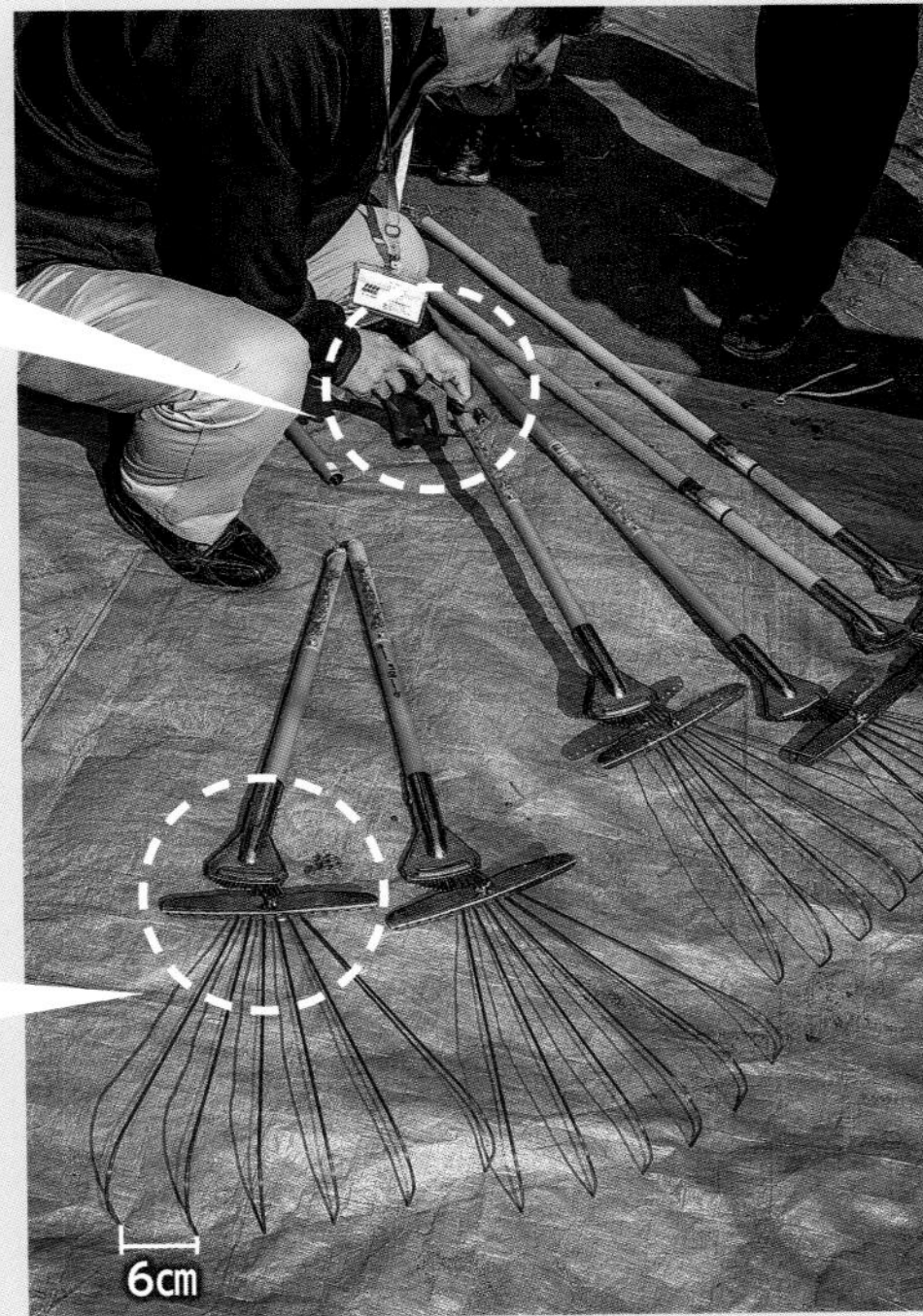

3

4本のうち3本の松葉ぼうきは、柄の長さを60㎝にカットする

4

柄を切断していない松葉ぼうきに、カットした3本を重ねる。針金の先端を12㎝ずつずらし、インパクトドライバーで2～3カ所ビス留め。針金が柄の延長線に対して斜めに角度がついていることで、地面を引いたときによく揺動する

5 ハンドルは切断した柄を利用。まず、針金の最先端部分から120㎝のところに蝶ネジで垂直に軽く留める（左写真のA部）。ハンドルの角度を調整できるよう、ネジ留めは1カ所とする。
もうひとつのハンドル（B）は、針金の先端から180㎝の位置にしっかり固定

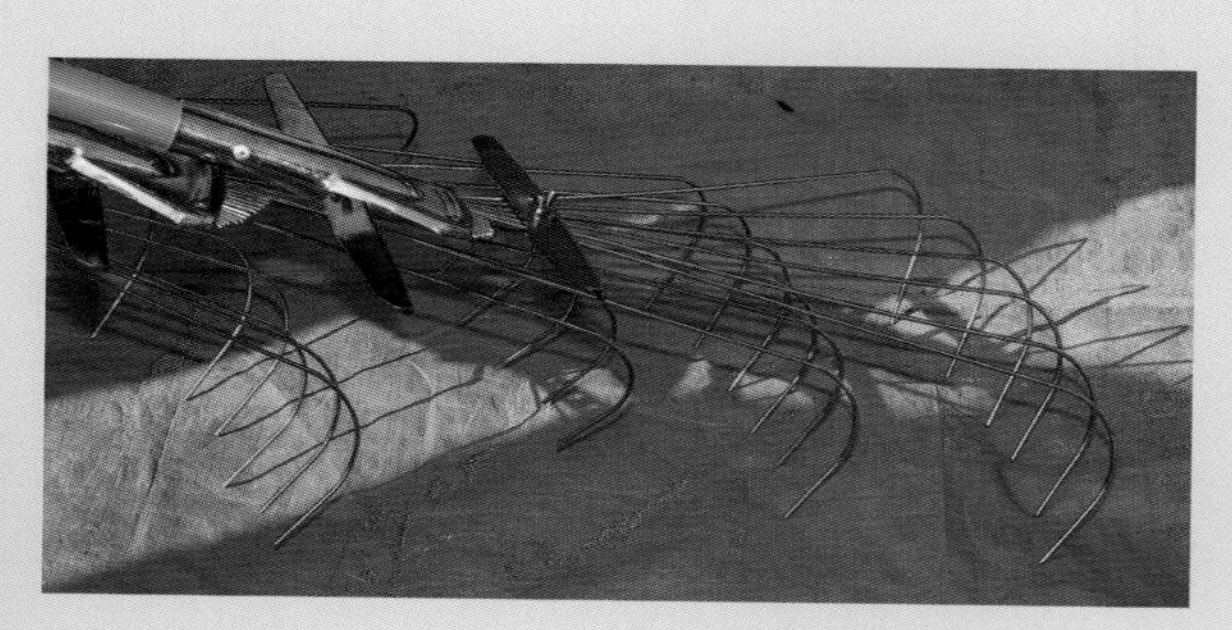

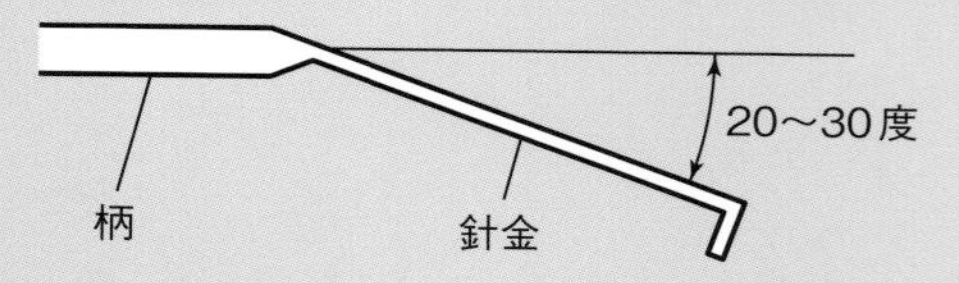

6 針金は、柄の延長線より下に20〜30度曲げる。そのうえでコンクリートの平面に置いてみて、先端が揃って着くように調整

一番重要なのは針金の間隔。調整の金具を下げ、手で広げて6㎝間隔に。試しに地面に傷をつけながら、前後の針金の傷跡が重ならないよう微調整する

もっとラクに　上手に

痛快株間除草ができる ホウキング2号

福岡県桂川町●古野隆雄

ホウキング2号を持つ筆者。その形も使い方も、日々進化を続ける（依田賢吾撮影、以下Yも）

腰が痛くなくなった

ホウキングは、単なる機械の技術ではなく、機械（道具）、作物、雑草、土などの総合技術です。ホウキング1台で乾田直播のイネ、ムギ、ダイズ、インゲンマメ、ソバ、トウモロコシ……、多種多様な作物の株間と条間の除草ができます。この一騎当千の汎用性こそ、ホウキングの醍醐味かもしれません。

私の有機農業講座の受講生から、こんなメールが届きました。

２０１７年に初めてラッキョウを５ａほど植え付けし、昨年収穫しました。

その間、植え付け後の９月から翌年４月までの間、追肥、中耕、除草の繰り返し。取っても取っても、次から次へと伸びて５ａといえど何日もかかって除草していました。小型の三つ鍬を片手に中腰になっての草取り作業は大変で、体力が消耗してヘトヘトでした。

しかし、講座でホウキングを製作した２０１８年11月以降は、追肥時期に合わせてホウキングするように作業を変更しました。その結果、４月まで一度も三つ鍬を使っていません。株間除草と同時に中耕もできて、いいですね。

作業時間も半日かからず、効率化。おかげで腰も痛くなくなり、身体も大変ラクになりました。今年はラッキョウ栽培にニンニクなど他の野菜も追加しようと思います。

こんな声に励まされ、わが家でも四季折々、多様な作物でホウキングの試験を重ねています。すると、わからなかったことが少しずつわかってくると同時に、気が付

ホウキング2号は、従来のホウキングの製作で余った針金と角材で製作。コストはより安く、かつ角度調整もできて機能的になった（Y）

4本の角材を軸板に90度になるようセッティング（古野農場撮影、以下Fも）

4本の角材を軸板から斜めになるようセッティング（F）

かなかった新しい問題も浮上。試行錯誤が続きます。

安くて機能的なホウキング2号

従来のホウキングを1台製作するたびに切断して使用しない針金（バネ鋼）が48本。もったいないので、その利用を考えました。4本の角材にドリルで6本ずつ穴を開け、針金を差し込んで抜けないように固定します。4本の角材は1本の軸板に蝶ネジで固定することで、それぞれの角度を自由自在に変えられるようにしました。

上の写真Aのように角材を90度に傾けると、針金が進行方向と平行になり、左右の揺動はほとんどなく、引っ張ると地面に筋がつきます。除草効果はやや低いですが、針金の間隔が、進行方向から見てもっとも広くなります。作物が小さい場合、大きい場合に、葉っぱを傷めずに除草しやすいです。

写真Bのように角材を大きく傾けると、針金は進行方向に向かって斜めに構える格好になります。すると全体的に針金が狭い範囲に集中し、株間に多く当たるようになります。針金の先端部の左右の揺動も大きくなります。

このように角材の角度をいろいろと変化させることで、針金が土に当たる位置や角

（F）

度が微妙に変わり、取り残していた雑草が抜けやすくなります。

製作費用は従来の約3分の1、1台2000〜2500円。これで100m1分で株間除草ができますから、安いものです。松葉ぼうきのないアジアの田舎でもつくりやすいでしょう。

見えない草を取る

ホウキングは、見えない草も取っています。土の中で発芽してから出芽するまでのモヤシのような雑草が針金の揺動で撹乱され枯死していきます。発芽から出芽直後までのこの期間は、雑草はとても弱く、除草最適期なのです。

また、作物は播種するといっせいに出芽しますが、雑草は一定期間にだらだらと出芽する生き残り戦略をとっています。おもしろいことに、ホウキングはそんな雑草の出芽を促すのです。ホウキング後、1週間もすると雑草が出芽。そこをホウキング。これを3〜4回続けると、土壌表面下1㎝くらいの雑草の種子は大幅に減ります。もちろん、ホウキングを重ねることで、土はふかふか。作物の生育はよくなり、ますますホウキングしやすくなります。

ホウキングで出芽前のモヤシ状態の雑草が掘り起こされた（赤松富仁撮影、Aも）

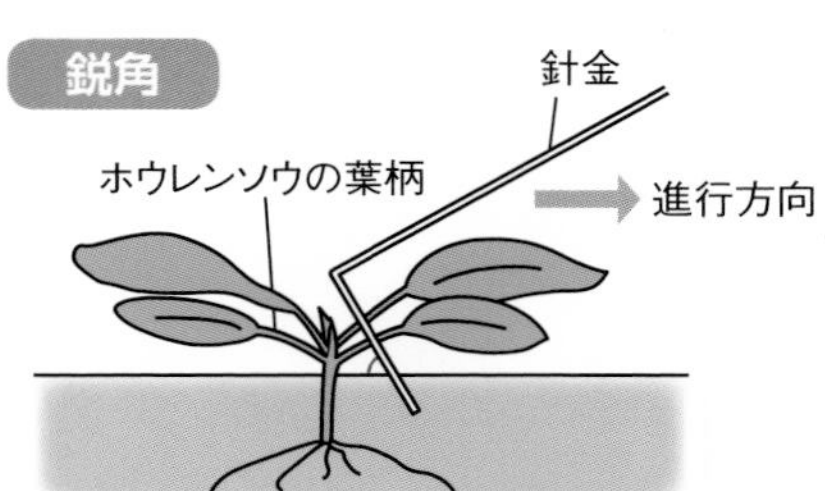

針金が鋭角で土に入ると葉の下に潜り込み、葉を持ち上げながら通過

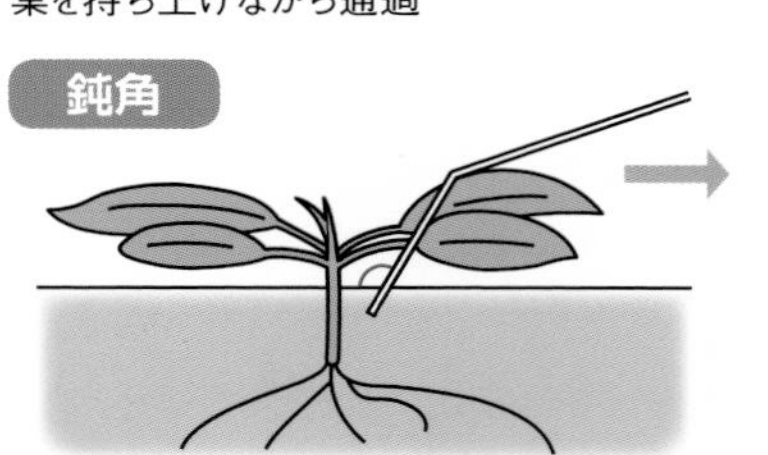

針金が鈍角に入ると、葉柄を上から押して折ってしまう

中耕除草が株間除草を助ける

11月末に播いた露地ホウレンソウは適期が大きく外れて小さくて、株間除草ができませんでした。冬雑草のキンポウゲやスズメノテッポウは生育が進んでいます。どうすればいいのでしょうか？　私はまず、ホウキングで条間の中耕除草を何度もしました。その結果、幅約5cmの株間の草だけが残りました。その後、ホウレンソウが3葉期頃に満を持してホウキング。

キンポウゲが株の両側の条間にもビッシリ生えると根がスクラムを組み、ホウキングに抵抗し、株間除草がうまくいきません。しかし、あらかじめ条間の草を除草しておいてから、幅5cmだけホウキングで株間除草すれば小さな草はラクに抜けました。中耕除草は、その後の株間除草を助けます。

ところで、この問題のもう一つの解決法として、ホウレンソウ（作物）が子葉の段階（キンポウゲも出芽直後）でホウキングする方法も最近見えてきました。針金の本数を3分の2に減らして作業幅を狭くし、4kgから2・5kgに軽量化したホウキングを少し浮かせながら株間除草するのです。これまでホウキング不可能だった超初期の段階での選択除草です。

「葉なし」にならない話

先ほどのホウレンソウ、その後も寒さで葉が立ち上がらず、地面に這いつくばるように広がっていました。4葉期頃になると、ゆっくりホウキングしても、ときどき葉柄がポキポキと折れてしまいます。ホウレンソウの葉柄は中空になっていて、指で強く押すと株に近いところでポキリと折れるのです。

そこで、針金が葉柄を押すのではなく、葉の下に潜り込み持ち上げるイメージで通過したらどうか、と考えました。針金の先端部を手で曲げ、より鋭角にしてみたのです。結果、葉の折れる率は明らかに低くなり、小さなキンポウゲがよく抜けました。

この冬のホウレンソウの一件で、針金が土に対して鋭角に入るか、鈍角に入るかの違いに気づかされました。鋭角に入ることは、作物を傷めず根の浅い雑草を抜いていくと同時に、地面近くの葉を傷めないしくみではないでしょうか。鈍角だと地面近くの葉を上から押して切断しやすいように思います。「葉なし」にならない話です。

ガリガリくんで中耕除草

暖冬で昨年末からの小麦の生育は順調。堆肥に混入していたキンポウゲもよく生育していました。

そこで1月3日、初春の光の中で対策を考え、ホウキング2号にオプションを加えました。12cmのネジ釘を3〜5本鈍角に付

ホウキング2号のオプション、ガリガリくん。12㎝のネジ釘を鈍角に取り付ける。写真はネジ釘が7本付いているが、土の抵抗が強いので3〜5本でよい（A）

ガリガリくんで地面を割りながら、条間のしぶとい草を除草（F）

その後、さらに進化したホウキング3号も製作。針金にスタビライザーを付けて揺動を小刻みにすることで、芽生えて間もないホウレンソウやゴボウなどの超初期除草にも使えるようになった（Y）

ホウキング２号の動画がルーラル電子図書館でご覧になれます。
http://lib.ruralnet.or.jp/video/

けて条間の土を割っていくのです。ネジ釘はキンポウゲの根のスクラムをガリガリと崩し、土を割り、後続の24本の針金の揺動を容易にしました。名付けて「ガリガリくん」です。

ネジ釘に付いたラセン状の溝が草を引っ掛け、抜いていきます。株際ギリギリまで、速く、小力で、強力に中耕除草できます。ただし、草が小さいときは不要。ホウキングだけで十分です。

世界中の小農が喜ぶ技術

昨年、フィリピンとキューバでホウキングの実演会をしました。キャッサバ畑で試したミンダナオ島の農民からは「マジックブルーム（魔法のほうき）」と呼ばれ、キューバのタバコつくり名人からも絶賛されました。腰を曲げて鍬や鎌で炎天下の株間除草をしていたからです。今、この瞬間も世界中の小農はそうしているでしょう。

なぜ、ホウキングのような株間除草技術がいままで世界に広がらなかったのでしょうか。等身大の適正技術。ホウキングに普遍性はあると思います。

ホウキング　光の春の　風の中

（『現代農業』２０１９年６月号）

ねじり鎌を改良した「土郎丸（どろうまる）」

茨城県石岡市●魚住道郎

筆者と自作の草刈り道具「土郎丸」（依田賢吾撮影、以下も）

真竹（1.8〜2.2m）の先端にねじり鎌をホースバンドと釘で固定。刃先が鋭くとがっているので、左にも右にも鎌が動かせ、草を刈れる

土郎は土を引っ張らないので小さな力で除草できる。長時間の作業でも疲れない

土郎丸で草取りする様子の動画が、ルーラル電子図書館でご覧になれます。http://lib.ruralnet.or.jp/video/

有機農業を志す人の学校を開校

有機農業を志し、1970年に就農しました。現在は妻と長男夫婦、孫1人との5人で暮らしています。水田のほか、畑約3haで野菜（60〜70品目）の周年栽培のほか、小麦や大豆などを栽培しています。平飼い養鶏600羽との有畜複合経営で、卵や鶏肉等も出荷しています。生産物を消費者に直接届ける、いわゆる「提携」の方法をとっています。

これまで、多くの研修生を受け入れてきました（長期では2〜3年）。研修生のなかには近くで独立し、営農している人もいます。また、2014年、日本有機農業研究会による「魚住有機農学校」も開校し、新規就農者や就農希望者のほか、慣行栽培から有機栽培に転換した人たちに、理論と実践を現場で解説しています。

その中から、とくに新規就農者の人たちにはぜひ覚えてほしい、自作の草取り道具「土郎丸」について紹介します。

1日草を取っても疲れない

手づくりといっても、ねじり鎌（市販品）を竹の柄の先端に付けただけの草取り道具です。2015年は国際土壌年でした。「土郎丸」というのは、国際土壌年と流行りの「ドローン」にあやかったネーミングです。

柄を竹でつくるのがポイントです。竹は枯れるとますます軽くなり、1日草を取っていても疲れません。また、ねじり鎌は草を土ごと削りますが、削った土が刃の上を流れてその場に残ります。削った土を引っ張らずにすむので、従来の草削り道具とは疲労感がまったく違います。

柄が軽く、長くすることも可能で、同時に何ウネも除草が可能です。刃の付け根（首）が細いので見通しがきき、発芽したてのニンジンやゴボウをよけながら小さな草を取ることも可能。もちろん大きな草も刈り取れます。

ねじり鎌は、切れ味が持続する上質の物がおすすめです。草取りの際、私は刃先を研ぐ人工ダイヤモンドの砥石と、泥落としのためのスクレーパー（ヘラ）を常時持ち歩いています。こまめに泥を落として刃を研ぐと、作業はラクに進んでいきます。

わが家に起きた産業革命

土郎丸があれば、腰をかがめずスイスイ、立ったままドンドン草が取れます。草取りが楽しくなること間違いなし。これ1丁で、有機農業の前途は明るくなります。

なんといっても、「土郎丸」はどこでも誰でも自作できます。わが家に産業革命をもたらした逸品です。ぜひお試しを。

（『現代農業』２０１６年１月号）

下からでも穴からでも マルチ栽培用草取り道具

広島県神石高原町●小林冨男さん

直売農家の小林冨男さんは、アイデア農機具をつくるのが大の得意。数ある傑作のなかから、除草に役立つものを２つ紹介してくれた。

（『現代農業』２０１７年５月号）

マルチの植え穴から出た草を取る

鉄板を削ってつくった。穴をあけて軽量化。なくさないように赤く色づけ。近くの草を取るのに便利

先端の鉤（かぎ）の部分を草の根元にひっかけて、引き抜く

マルチの下に出た草を取る道具

鉄棒を曲げ、溶接してつくった。先端は尖っている。遠くの草を取るのに便利

植え穴から突っ込み、先端を土に食いこませ、草を根こそぎ取り、引き寄せる。マルチが破けない。手を突っ込まなくてすむので、泥だらけにならない

筆者と無農薬栽培レモンのハウス内で飼っているニワトリ。野生動物対策のため、夜はハウス内の鶏舎に入れ、朝晩開け閉めしている

除草に大活躍

ハウスでニワトリ飼って一石五鳥

広島県尾道市●長畠耕一

雑草や害虫を食べてくれる、鶏糞も利用できる

耕作放棄されたビニールハウスを借りてレモンの無農薬栽培に挑戦したのですが、何年も雑草のタネが落ちているせいか、取っても取っても次から次へと生えてきて、ほとほと困り果てていました。さらにヨトウムシがレモンの新芽を食い荒らし、手で潰すだけでは限界がありました。

そんなとき、ハウス内でニワトリを放し飼いすれば除草効果があると聞きました。最初は半信半疑でしたが、近くの養鶏場から廃鶏をもらって試してみました。すると、1カ月後には効果が見えてきました。さらにヨトウムシなどの害虫も食べてくれるため、一石二鳥。卵も産むし、鶏糞も肥料になるし、中耕もしてくれて、一石五鳥の効果があると大満足しました。

草や野菜クズや果物をエサに、卵は絶品

現在はニワトリをヒナから育てています。30a（ハウス2棟）でウコッケイ20

羽、ボリスブラウン25羽、ホワイトレグホン5羽、岡崎おうはん4羽、チャボ2羽です。草取りを目的とすれば、10a5～10羽で十分だと思います。

エサは市販の配合飼料が主体で、あとはひとりでに草や害虫やミミズなどを食べています。ただ、ハウス内で草が生えなくなってきたので、ミカン畑の草を刈ったり、近所で野菜の水耕栽培をしている農家からクズをもらったりして、ニワトリに与えています。さらに自前のカンキツ類を輪切りにし、デザート感覚で食べさせているため、卵は絶品です。卵かけご飯にすると、そのおいしさを痛感します。

（『現代農業』２０１７年1月号）

有機農家のチキントラクター

広島県三原市●岡田和樹

野菜畑のウネ間に置いた「チキントラクター」。鶏カゴは手づくりで、ニワトリが2羽入っている。食べる草がなくなったら移動（鶏カゴをずらす）。その場に米ヌカや小米をまくこともある

5年前に就農し、3年前からニワトリを飼っています。現在は5羽。すべて廃鶏で、近所で養鶏（平飼い５００羽）をしている仲間からもらいました。

ニワトリは「チキントラクター」として活躍します。鶏カゴを畑に置いておけば、あとは勝手に雑草や害虫（イモをかじるコガネムシの幼虫など）を食べてくれるんです。くちばしでつっついたり、足で掘り返したりで、土がやわらかくなります。鶏糞もそのまま肥料になりますしね。わが家の畑は無農薬無化学肥料栽培です。

エサは、わが家で出る生ゴミや野菜クズや小米を与えています。5羽ならエサが毎日途切れることはありません。これが10羽となると、厳しいですね。エサを買わないといけません。

（『現代農業』２０１７年1月号）

火力で除草

灯油バーナー

岩手県一関市●小野寺英明さん

18ａの面積で野菜を多品目栽培し、産直出荷している小野寺さんが除草に使うのは、火力。20年ほど前から、農機具店で見つけた灯油バーナーで雑草を焼いて退治している。

やり方は簡単。2～3月初旬の出たばかりの雑草を生のまま焼いていくだけ。タネができる前に退治するのがポイントで、以前は毎年ハコベがはびこっていた畑も、この方法を始めて5～6年目には雑草が生えにくくなり、10年目くらいからは除草回数自体も減らせるようになった。

ただし、根茎で増えるスギナだけは、この方法では退治できず、1年休作してラウンドアップで除草した。それ以降はスギナも生えず、現在はほとんど除草しないですむようになっているそうだ。

（『現代農業』２０１７年5月号）

灯油バーナーで除草作業中の小野寺さん。除草用の灯油バーナーは、農機具店で当時5万円ほどで購入。タンクは5ℓで、燃焼継続時間は約1時間

ガスバーナー

高知県高知市●熊澤秀治さん

約25ａの畑で葉物野菜を周年栽培する熊澤さんも、火力除草がおすすめと話す。

使うのは、ガスボンベを付けて使うハンディタイプのガスバーナー。常に手元に用意しておき、ハウスの雑草をこれでこまめに退治していく。すると、次第に除草剤を使わなくても雑草が出ないハウスになるそうだ。ナメクジが寄ってくるゼニゴケも、これで焼くといいという。

なお、雑草退治の基本は、花が咲く前に退治することだが、もしタネができて弾けたら、ワッと小さな草が生えてくる。それを踏まないようにして、スプラウトくらい（草丈3～4㎝）になったところを焼くと、1つ1つ手で取るよりずっとラクに除草できる。ただし踏んでタネが土に埋まると、焼いても死なずに生き残ってしまう。「絶対に踏まないことが重要」とのこと。

（『現代農業』２０１７年5月号）

ガスバーナーは、ホームセンターなどで1500円ほどで手に入る。もっと安い物もあるが、着火しなくなることが多い

太陽熱で除草

ニンジンの播種1カ月以上前から透明マルチを張る（写真はすべて南多摩農業改良普及センター提供）

ニンジン畑。約25a栽培。雑草に負けず順調に生育

草取りの人件費が10分の1に
播種1カ月前に透明マルチ

東京都八王子市●鈴木俊雄

太陽熱で雑草のタネを退治

農高を卒業して就農した当時、父親は農薬や化学肥料をたくさん使う「昔の農業」をしていました。私はその後、日本中で人体に農薬害が起こっていることを知り、20代半ばで有機農業に転向しました。現在は田畑4haで、年間40品目以上を作付けています。

もちろん、除草剤も使わないようにしてきましたが、とくにニンジンのように初期生育の遅い野菜は、直播きすると雑草にやられてしまいます。そこで、4～5年前から太陽熱処理で対応しています。

夏播きニンジンの播種期は、私の住む東京都八王子市で7月初めから8月中旬までです（収穫は10月中旬から翌年3月下旬まで）。それより最低1カ月以上前から透明マルチを張り、地温の上昇をはかります。マルチを張る前は降雨を待つか、かん水をして、水分保持を心がけます。すると、地下10cmの温度が60〜70℃になり、雑草の種子が死滅します。

ただし、期間が短いと、イネ科雑草には効きますが、スベリヒユには効果がないので、1カ月以上がおすすめです。梅雨が長引いて日照不足のときは、とくに注意が必要です。

病害虫も少ない、作業もラクに

以前はパートさんに手作業で雑草取りをしてもらい、人件費が高くついていましたが、今はその額が10分の1（10a当たり年間約5000円）に軽減されました。そのうえセンチュウや病気の被害が少なく、肌がきれいになったのもうれしいです。間引きはニンジンの葉が10cmくらいになってからですが、ベッドの中にはほとんど雑草が生えないので、作業しやすくなりました。早くからやっておけばよかったな、と家族で話しています。

今ではネギやタマネギの播種床も、必ずマルチで高温処理します。また近所の農家も、カブやダイコンの夏播き、秋播きで、太陽熱を利用する人が増えています。


（『現代農業』2017年5月号）

春の太陽熱処理も効果あり

岡山県真庭市●山田栄子

夏処理なら除草いらず

夫婦で岡山県北部の蒜山（ひるぜん）高原に新規就農して6年目になります。1・5ha（うち田が30a）の圃場で多品目の野菜とお米を栽培し、直売所を中心に出荷しています。

夏の「太陽熱養生処理」に取り組んだきっかけは、雑草対策です。ウネに透明マルチを被覆することで病原菌や雑草のタネを太陽熱による高温で殺すことができ、土がフカフカになるなどの効果もあります。

環境保全型の農業に取り組んでいて、畑では除草剤を使用していません。ニンジンやベビーリーフなどマルチを使わない品目は、初年度の夏から太陽熱養生処理で草を抑えています。うまくいけば、ニンジンも除草作業なしで収穫できます。

春も挑戦

以前から、ここよりも暖かい南方の生産者さんが、秋や春でも太陽熱養生処理をしていると聞いていました。しかし、標高450〜500mになる高冷地の蒜山では無理だと思っていて、春はニンジンなど雑草に負けやすい品目の作付けはできませんでした。

しかし一昨年、県北でも試した人がいて、夏ほどでないものの効果があったと聞きました。確かに紫外線の強い5〜6月なら効果があるかもしれないと思い、やってみました。

太陽熱養生処理のビニールマルチを剥がしたところ。ウネの上面の草は見事に抑えられた

やり方は以下の通りです。まず、簡易土壌分析、施肥設計をして、必要な堆肥や有機質肥料、ミネラル肥料を施肥します。そして耕耘してウネ立て、一雨当ててから透明マルチをかけます。処理できる期間は、4月後半から6月の梅雨入りまでの1〜1・5カ月程度です。

高冷地でもなかなかの除草効果

夏の処理に比べると、すべての面で効果は少し落ちるようですが、圃場条件がよいところでは、そこそこの除草効果がありました。

上の写真は5月4日から6月4日まで処理した圃場です。ウネのトップ（上面）は草が少なく、側面には生えたものの、少し焼けた色をしています。ビニール被覆していない通路には草がビッシリでした。

写真の畑にはニンジンを作付けました。前半は処理の効果で草を抑えることができましたが、後半、土寄せや草取りなど管理に手が回らず、草だらけになってしまって収穫が大変でした。前作まで田んぼだったこともあり、ホタルイやクログワイなどが生えました。これらには、春の処理では効果がないようでした。

しかし、とくに側面の草をしっかり手で除草したウネでは、ビーツがよい出来でした。ベビーリーフなど生育期間の短いものも、雑草が育つ前に収穫、逃げ切れました。

マルチに穴があくと失敗

一方、太陽熱養生処理をしたつもりでも、最初から雑草が生えたウネもありました。ポイントは、積算温度や土壌水分量、堆肥の質や量、そしてマルチの張り具合だと思います。ビニールマルチが裾まできちんと土に埋まっていなかったり、雨風でめくれてしまったり、獣害などで穴があいたりしていると、温度が上がりきらずに失敗します。

準高冷地の蒜山では、夏ニンジンは魅力的な品目だと思っています。良質な堆肥を入手、獣害などによるマルチの穴あきや雨風によるめくれの見回りを強化し、また、抑えきれなかった草の初期除草などの課題をクリアできれば、春の太陽熱養生処理はうまくいくと思います。マルチ栽培が難しい他の品目にも応用できるので、可能性が広がります。

（『現代農業』２０１７年５月号）

＊春の太陽熱処理の効果は、その年の日照・降雨・気温に左右されます。寡日照地や高冷地では効果が安定しないため、ご注意ください。

＊山田さん宅の訪問、直接の連絡はご遠慮ください。

畑でも効果抜群
米ヌカ除草

福島県いわき市●東山広幸

野菜の作付け1カ月前に米ヌカをふって耕耘しておくと、草が生えない

分解力がスゴイ

農家の敵はさまざまあれど、ほとんどの農家でもっとも手を焼いているのが、雑草害ではなかろうか。虫や病気は放っておいても何とかなる場合もあるが、雑草は致命傷になると思っていいだろう。

かくいう私も、有機栽培ゆえに除草剤は使わないので、雑草対策は至上命題だ。作業をスムーズに行なううえでも、定植時には雑草がないきれいな畑にしておきたい。だがロータリをかけただけでは冬は枯れないし、夏には再び根がついたり、新たに発芽したりと、なかなか草のない畑にはなってくれないものだ。

ここで登場するのが、ご存じ米ヌカである。「予肥」（元肥より早い時期に施す肥料）であるが、雑草対策ひとつ考えても面白い性質を持っている。土中にすき込まれた有機物を分解する力が強く、自分が分解されるときに、ついでにすき込まれた植物も枯らして分解してしまうのだ。だから、緑肥をすき込んだ後などでも、米ヌカをやったのとやっていないのとでは、分解スピードに大きな差がでる。

適期は梅雨入り〜秋の彼岸

米ヌカ除草の効果がもっとも発揮されるのは高温期であり、梅雨入りから秋の彼岸頃までが適期である。暑く雨の少ない時期ほど少量の米ヌカで雑草は枯れる。ただし、次作の作付けを考えると、作付けの1カ月前にはふっておく必要がある。

米ヌカをふる量は、除草だけ考えるなら多いほうが確実だが、現実には後作のことを考えて決めなくてはならない。ダイコンやニンジンのような少肥型の野菜に、あまりに大量の米ヌカは必要ないからだ。肥効は穏やかで、やりすぎてもただちに害が出るということはないが、葉勝ちの生育になり、品質の低下は避けられない。

逆にコヤシ食いのハクサイやナバナ、ブロッコリーや芽キャベツの作付け前なら、思い切って米ヌカをふれる。反当1tぐらいふってもまったく問題ないどころか、冬の肥切れを防いで多収につながる。ホウレンソウなんかも厳冬期の勢いがまるっきり違う。

米ヌカあり

米ヌカなし

雑草の発芽が
抑制されている

1カ月ほど前に耕耘した畑。米ヌカをふったウネとふらなかったウネでは、草の生え方がみごとに違う（赤松富仁撮影）

ウネ間の除草＆追肥にも

ひとつ面白い米ヌカ除草の使い方を紹介しよう。ショウガでの使い方である。ショウガは熱帯原産の野菜なので、東北地方などでつくる場合、初期にはマルチ栽培でなくては生育が進まず収量が上がらない。

ところが、土寄せをしなくてはさっぱり塊茎が肥大しないから、途中でマルチを剥がさなくてはならない。そのとき、マルチとマルチの間の通路に草が生い茂って土寄せどころではないことがある。そこで、通路に米ヌカをたっぷりふって中耕し、草が分解するのを待ってから土寄せするのだ。

私はウネ幅１６０㎝（１３５㎝幅の黒マルチ）の２条植えとしているが、マルチを除去したら、まず、（マルチ内だった）草のない条間に魚粉をふって土寄せし、同時に通路部分には米ヌカをふって中耕しておく。通路部分は、その後、米ヌカによって草がきれいに分解されてから土寄せする。魚粉が効かなくなってきた頃、米ヌカによる肥効が現われてちょうどいい。

ショウガのウネ間の除草＆追肥の手順

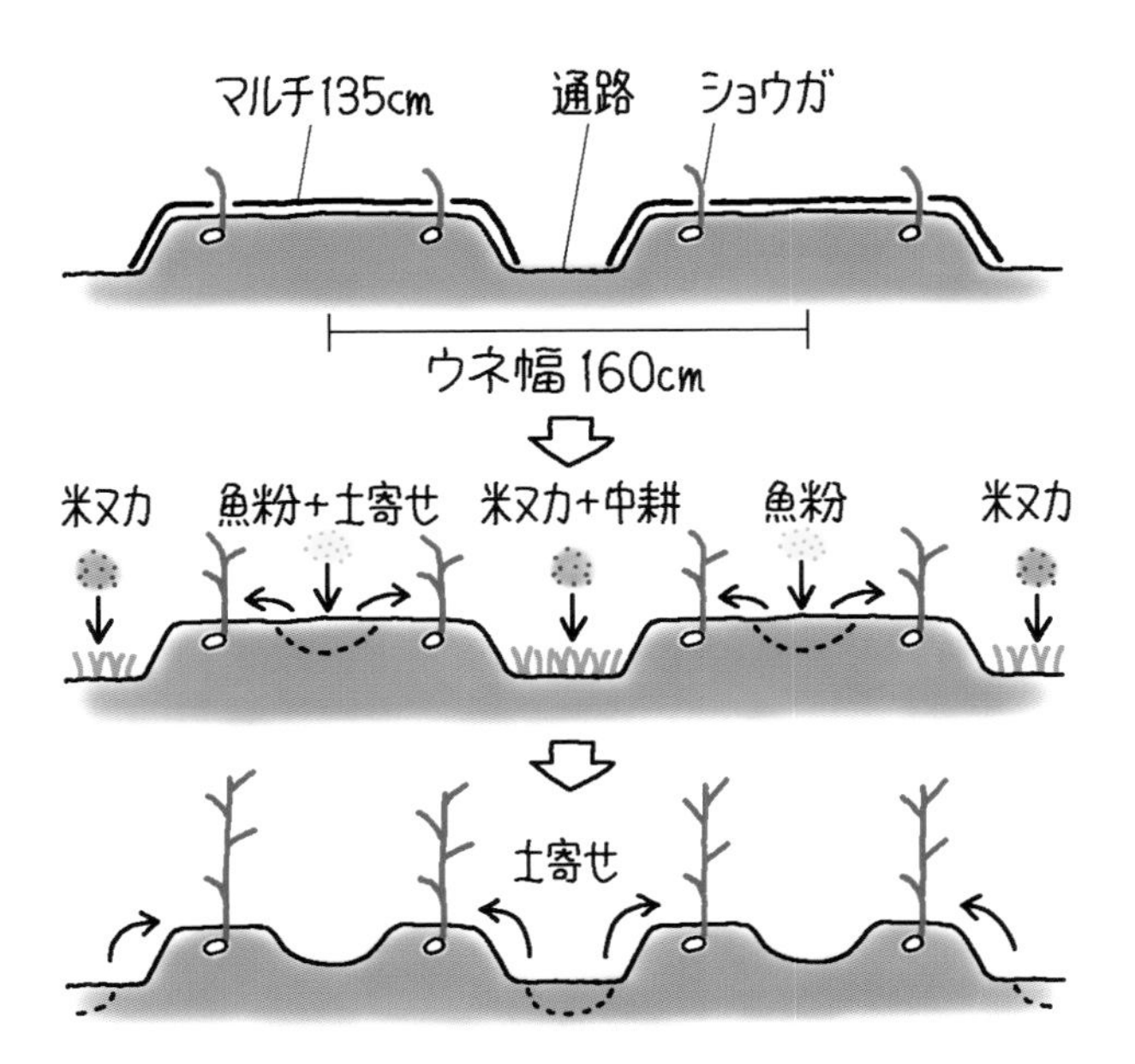

魚粉は入れてすぐに土寄せするが、米ヌカは中耕して草が分解されるのを待ってから土寄せ。除草になるし、肥効も長持ち

分解前に土寄せすると、生育不良の原因にも

マルチを使わないネギやサトイモでも、ウネ間に追肥としてふって中耕しておく。コヤシとなるだけでなく、草をきれいに分解し、しばらくは雑草の発芽も抑制してくれるので、その後の土寄せが非常にラクできれいにできる。

ただし、草や米ヌカがほぼ分解されてから土寄せしないと、根腐れや生育不良の原因となる恐れがあるから、注意が必要だ。分解のときに多量の酸素を使うので、酸欠になるためだろう。

このように、米ヌカ除草は、殺草・抑草としては一時的なものではあるが、処理のあとはコヤシとして長く効くというオマケがつく。ほぼ1年くらいは効き続けるのではないかというぐらい長い肥効だが、さっさとコヤシが切れてほしいジャガイモなどでは逆に害になることもあるから、気を付けたほうがいい。

土中の休眠卵を米ヌカで「殺卵」!?

ところで、夏場に米ヌカを大量にふると、発酵により一時的に土は高温になる。これで土中にいるハクサイダニの休眠卵を「殺卵」できないかと考えている。

農業試験場などは「太陽熱消毒が有効」というものの、きれいに除草しなくては効果が見込めないし、上からの熱は下向きにはなかなか伝わりにくい。米ヌカならすき込まれた深さまで高温となる可能性がある。

孵化したハクサイダニは歩いて移動するので、効いたかどうかを冬に確かめるのは難しいが、試してみる価値は十分あると考えている。

（『現代農業』2015年6月号）

※東山さんの野菜づくりをまとめた単行本『有機野菜ビックリ教室』が好評発売中です（1600円＋税）

米ヌカが植物の発芽を抑制する理由

JA全農　営農・技術センター●相崎万裕美

米ヌカを畑の表面に薄くまいておくと、好気性菌（糸状菌）が大増殖します。気温が高く、適度な水分があれば2〜3日で表面に変化が見られ、発酵の第1段階になります。このとき好気性菌は子孫を増やすために土中の栄養分と酸素を大量に取り込むため、周りにある植物（タネや苗）は栄養や酸素を取り入れられずに、栄養失調の状態になります。この状態をチッソ飢餓、還元状態といいます。

次に第2段階の乳酸発酵が起こります。このときに出る有機酸も、植物の芽や根の生育を阻害します。

＊

米ヌカをまいてすぐにタネ播き・定植をすると発芽不良や根腐れを起こすので、畑に使うときは、最低2〜4週間前に土とよく混ぜてなじませることが大事です。

とくに冬場、トンネルがけなどを使用して栽培する場合は要注意です。外気温が低いので微生物も休眠状態ですが、生の米ヌカをまいてからマルチやトンネルを張って温度が上がり始めると、急激に米ヌカが分解されます。

この場合閉鎖系ですので、チッソ飢餓や有機酸だけでなく、亜硝酸ガスやアンモニアガスの発生も苗を傷める原因となります。生の米ヌカではなく、堆積・発酵・発熱させたボカシ肥の使用をおすすめします。

米ヌカ以外でも、ナタネ油粕、大豆粕など、植物系の有機質肥料には、同様の注意が必要です。炭素率が高いために動物質と比べて分解が遅く、一度に多量に施用するとチッソ飢餓やガス害が強く起こることがあるからです。余裕を持った施肥を心がけて下さい。

Ⅳ

田んぼの草取り、ラクするアイデア

チェーン除草のきほん

新潟県農業総合研究所●古川勇一郎

図１　チェーン除草機の作業状況

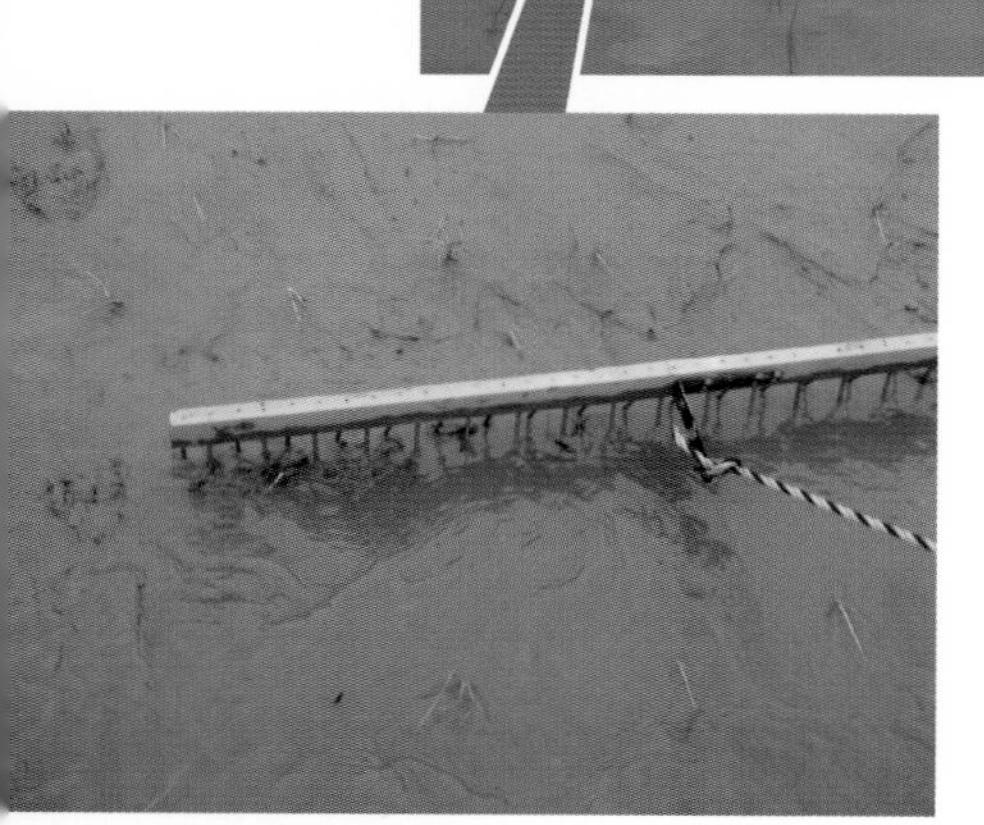

水稲移植後3日目の様子

この方法のメリット

チェーン除草は、はじめて有機稲作に取り組みたいと考える農家が、初期投資と労力を最小限にとどめながら小中面積の水田に手軽に導入できる雑草低減技術である。

チェーン除草機は、角材に金属製のチェーンをのれん状に接続した簡素な構造であるため、誰でも安価に作製・改良でき、保守管理も必要としない。

チェーン除草機を人力または動力によって牽引する（図1）ことで、条間および株間の田面を攪拌し、雑草幼芽の引き抜き（図2）、濁水生成による遮光により、除草・抑草効果を発揮する（図3）。また、作業には高度な技術や準備を必要としない。

抑草効果

水稲移植後4～5回のチェーン除草作業により、作業をしなかった場合に比べて出穂期の雑草残存個体数と乾物重が半減する（図4）。

コナギなどの田面付近で発芽する雑草の幼芽（第1葉展開程度）や発芽直後の発根力の弱い雑草の幼芽に除草効果を期待できる。

塊茎雑草や発芽深度の深い雑草、生育のすすんだ雑草全般に対する除草効果は期待できない。

準備と作業方法

秋耕などにより、刈り株や稲ワラの分解

図3　水稲移植後30日目の状況

図2　チェーン除草後の雑草幼芽引き抜き効果

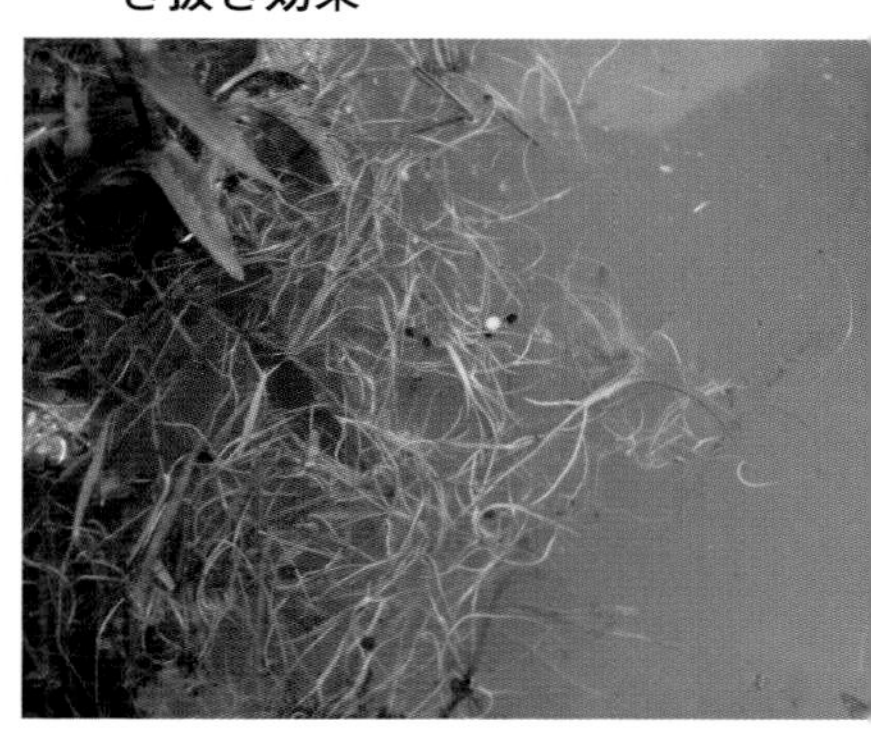

アゼに吹き寄せられた浮遊雑草幼芽

図4　出穂期の残存雑草の個体数と乾物重および収穫時の精玄米重
(n=4)

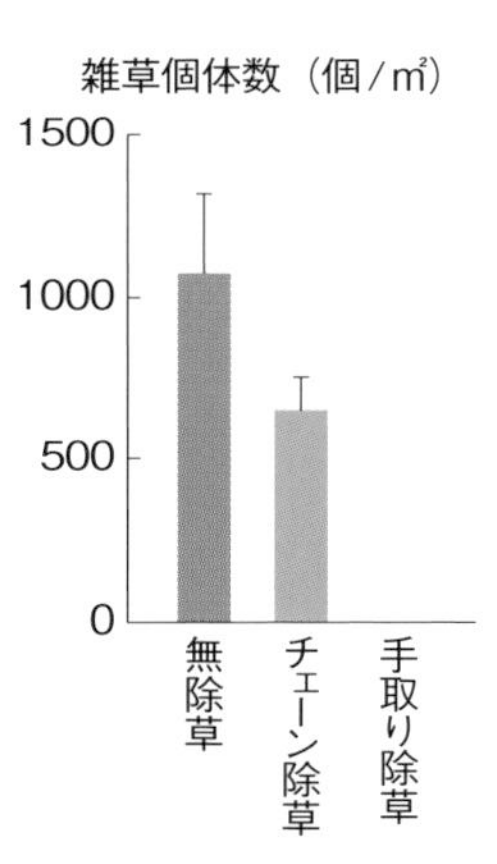

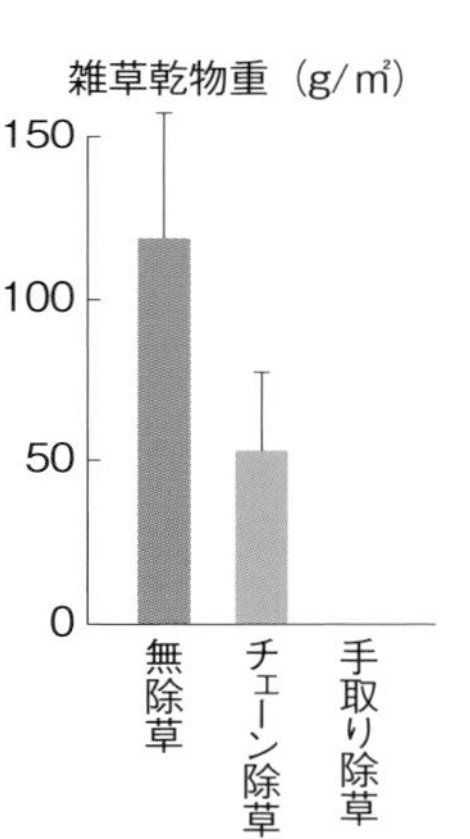

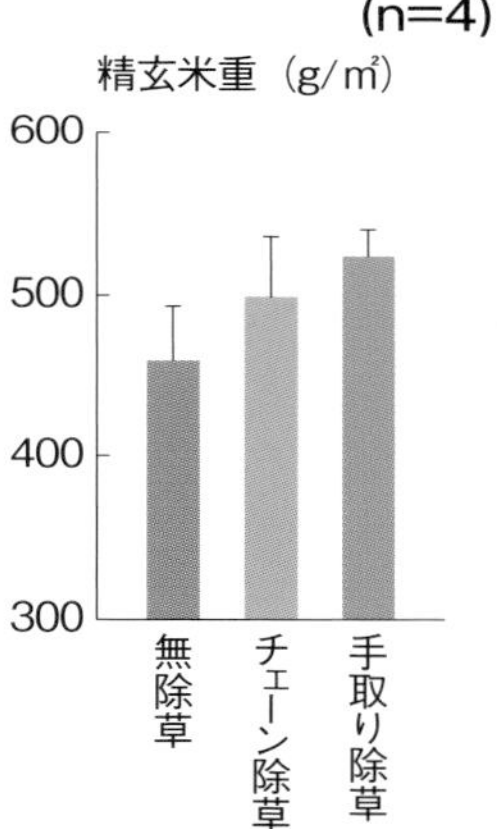

を促進する。耕起深は10cm程度にとどめ、作土層は厚くしない。植代は田面に刈り株や土塊が残らないように行なう。

植代後は速やかに成苗を移植し、40〜50日間は5〜10cmの湛水深を維持する。湛水深が浅いとチェーン除草作業時に水稲が泥に埋没する場合がある。また、引き抜かれて田面水に浮遊した雑草幼芽が再活着する場合がある。

1回目のチェーン除草は、植代から1週間以内に行なう。実際の作業適期は発芽した雑草が活着する前（第1葉展開程度）であるため、雑草の様子を確認しながら早めの作業開始を心がける。

2回目以降のチェーン除草は、5〜7日間隔で最高分げつ期から幼穂形成期頃まで行なう。栽培品種や地域によって異なるが、通常4〜5回の作業となる。また、水稲の生育に合わせて角材に重りを載せると除草効果が高くなる。

作業間隔が短く作業回数が多いほど、除草効果も高くなるため、残草状況などに応じて適宜調整する。

除草作業は植条に沿って行なうことを基本とするが、とくに人力牽引の場合は、直交方向や斜めに作業しても問題ない。

人力で牽引した場合の作業時間は、10a当たり30〜40分程度である。作業頻度と作業時間を考慮すると、チェーン除草を中心に据えた雑草管理方法による限界作業面積は作業者1名で2ha程度と見込まれる。ただし、作業者の体力や圃場条件によって大きく異なる。

作業上の注意点

薄い作土層は水稲生育の点では不利とい

われているが、チェーン除草の作業性の点では有利になる。作土層が厚いと牽引負荷が高くなるだけでなく、踏み込みに伴って押し上げられた土壌に水稲が押しつぶされる懸念がある。

刈り株や稲ワラが田面に残っていたりアオミドロが発生していると、チェーン除草の妨げとなる。夾雑物がチェーンに絡まったまま牽引作業を続けると欠株の原因となるため、チェーンに絡まった夾雑物は適宜取り除く。

正常な成苗を適期に移植できれば、チェーン除草に伴う浮苗発生は通常問題にならない。ただし移植した苗を手で引き抜いたときの抵抗感が、単二乾電池をヒモでつり下げたときの抵抗感よりも弱い場合は、浮苗が発生しやすい。一方、単一乾電池をつり下げたときの抵抗感以上であれば、浮苗はほとんど発生しない。

徒長苗・老化苗の移植では、1回目のチェーン除草適期に十分な引抜き抵抗力を確保できず、浮苗発生の原因となる。また稚苗移植では浅水管理となりやすいため、水稲の泥被りや浮遊雑草の再活着防止の点で不利である。

雑草の発芽状況はアゼから田面をのぞき込むだけでは確認しにくい。必ず田面の土壌を手ですくって確認する。

チェーン除草機（6条用）の作製例

図5　チェーン除草機の設計と概観

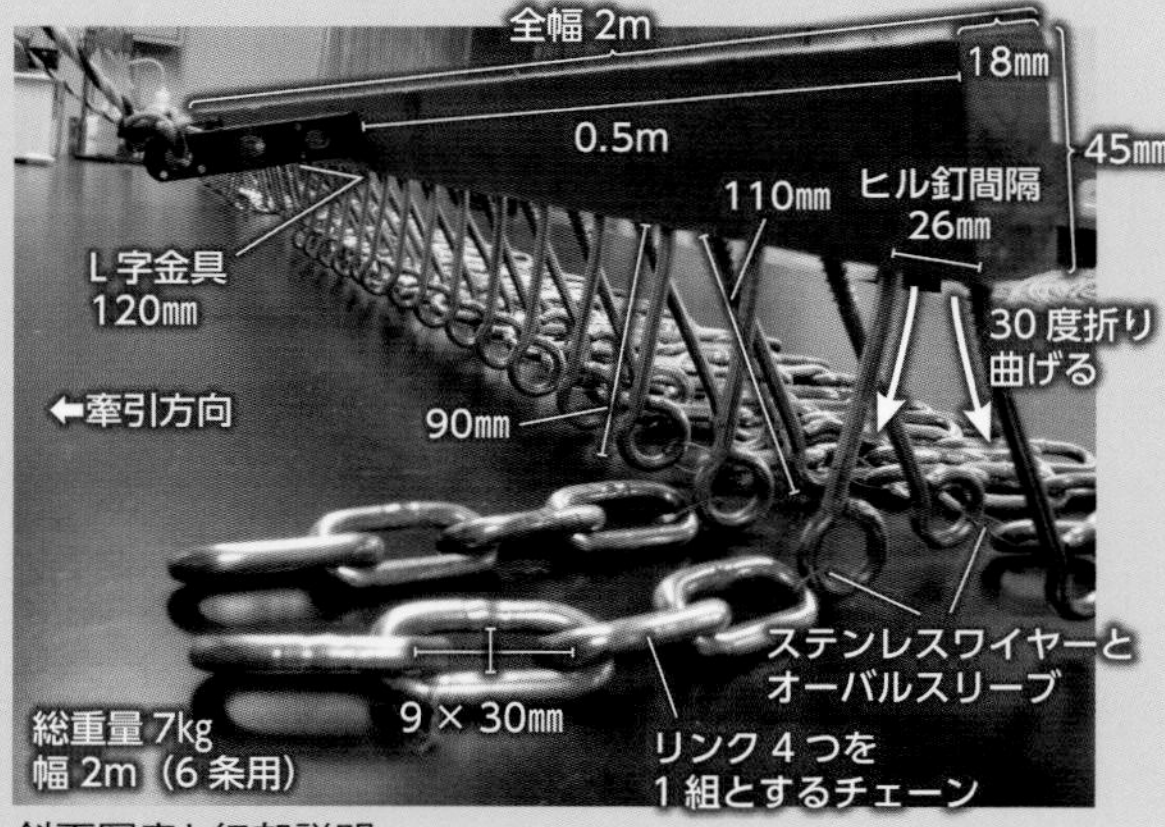

斜面写真と細部説明

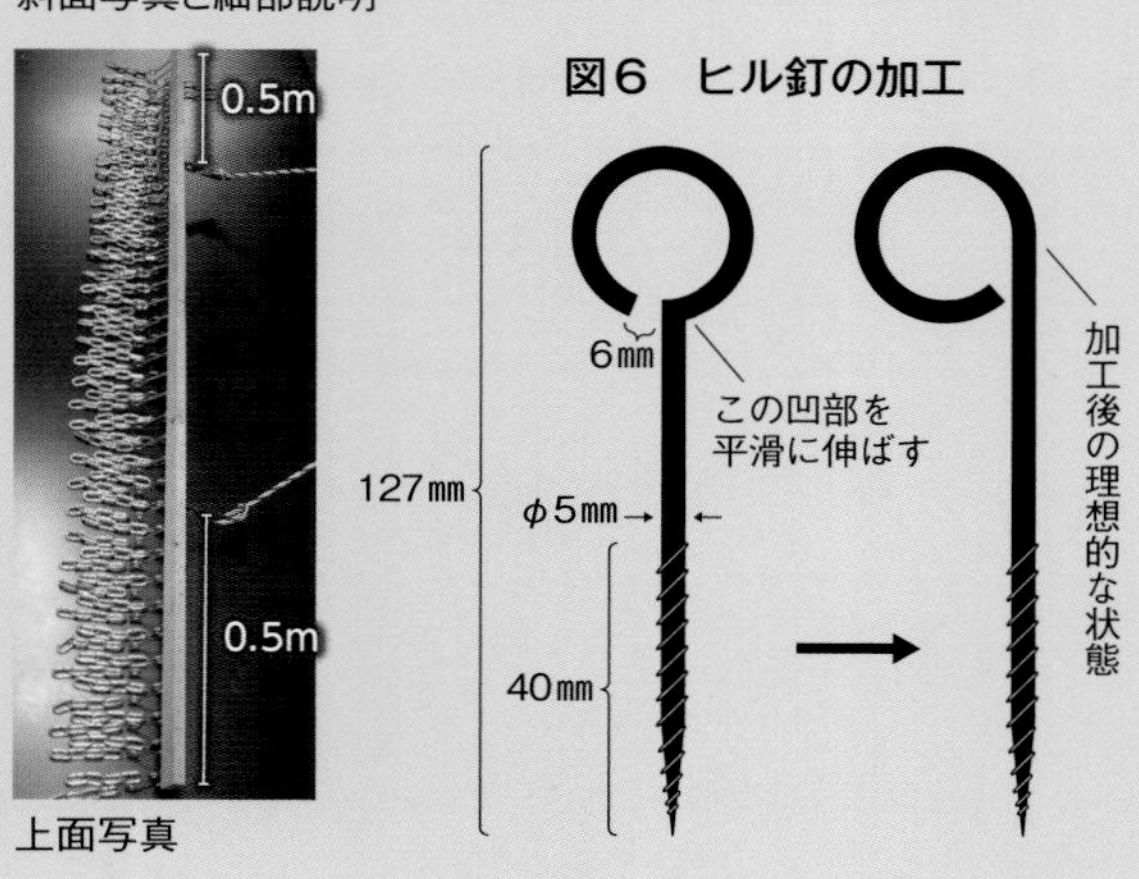

上面写真

❶木製角材（2m×45㎜×18㎜）の2m×18㎜の面に、ボール盤か電動ドリルを用いて直径4㎜の貫通穴を26㎜間隔で77カ所開ける（図5）。

❷線径5.5㎜、内寸30㎜×9㎜のリンクで構成されるチェーンを4リンクが1組になるようにボルトクリッパーで切断する。

❸ヒル釘（長さ127㎜）の頭部の凹部分を万力などで挟みながら可能な限り平滑に伸ばす（図6）。

❹切り出したチェーンの端とヒル釘の頭部をステンレスワイヤー（線径0.81㎜、長さ40㎜）とオーバルスリーブで接続し、チェーンが抜け落ちないようにヒル釘の頭部をかしめる。

❺チェーンを接続したヒル釘を角材の貫通穴に貫入深さが40㎜と20㎜となるように交互にねじ込む。貫入深40㎜のヒル釘はチェーン除草機の前方に、貫入深20㎜のヒル釘は後方に折り曲げ、30度程度に開くようにジグザグに配置させる。

❻L字金具（120㎜）を角材の両端から0.5mの位置に取り付けて牽引フックとし、その先端に牽引ロープを接続する。

上記設計で総重量は7kgとなる。

角材の上面に任意の重りを追加することでチェーンの接地圧力を高め、田面攪拌力を強化できる。

この方法の導入にあたって

初期除草を中心とした雑草低減技術であり、化学合成除草剤の代替技術ではない。したがって、土つくり、成苗移植、適期作業などによって雑草よりも水稲の生育が有利になる条件を整えることが重要である。

用水の利便性がよく、常時湛水を維持できる圃場で実施する。また田面水の濁りやすい土質が有利である。

土壌表面が容易に攪拌できる程度にやわらかい状態でないと除草効果は劣る。

塊茎雑草に対する除草効果は期待できないため、クログワイなどの多発圃場には本技術を適用できない。

乗用管理機などで牽引する場合は、耕盤の強度を維持できる圃場管理方法の検討を要する。また、溝切機・ウィンチ・リールなどを活用して牽引する場合も、除草機の構造的補強が必要になる。

米国では20世紀初頭に「Chain Harrow」「Weed Harrow」が開発されていたが、国内にチェーン除草機が登場したのはごく最近である。まだ歴史が浅く改良の余地も大きいため、より効果的な除草機の開発も期待される。

（農業総覧 病害虫防除・資材編 第11巻 2011年）

作製上の注意点

ヒル釘の取付け間隔を広げるほど除草作業時に刈り株などがチェーンやヒル釘に絡まるのを軽減できるが、チェーンとチェーンの間に隙間が生じて田面攪拌力は低下する。

ヒル釘頭部の平滑加工やヒル釘のジグザグ配置も刈り株などの絡まりを軽減するための工夫である。また、ヒル釘とチェーンを接続するワイヤー類もなるべく突起物が残らぬよう注意する。

ヒル釘の代わりにベルトやヒモなどのやわらかい素材で角材とチェーンを接続すると、チェーンが田面水中に浮き上がりやすくなり田面攪拌力が低下する。その一方で角材が直接田面に接触しやすくなるため、角材が移植苗の株元を直撃して欠株の原因となりやすい。また、角材に重りを追加しても接地圧力を調整できない。

除草機の牽引時にヒル釘が均等に田面に接していないと除草効果のムラが大きくなるため、ヒル釘の貫入深度やジグザグ配置の角度については現場状況に合わせた調整が必要である。たとえば、人力牽引を前提とする場合は歩行によってその周囲の土壌が盛り上がるため、除草機の中央付近に配置するヒル釘は端に配置するヒル釘に比べて貫入深度を深くするか、折曲げ角度を深くすることが望ましい。

重いチェーンを使用したほうが除草効果は高くなるが、とくに人力牽引を前提とする場合は作業性も考慮する必要がある。また構造的補強が必要になる場合もある。

使用する資材の入手先、価格

金物屋、ホームセンター、インターネットで入手容易な材料のみを用いて本稿のチェーン除草機を作製することができる。

〈金物材料の詳細〉

ヒル釘：㈱八幡ネジ、ステンヒル釘127㎜、170円程度/個。
L字金具：㈱八幡ネジ、補助金具L-120、100円程度/個。
チェーン：㈱ニッサチェイン、ヘビーリンクIW55、5000円程度/15m。
ステンレスワイヤー：㈱ニッサチェイン、ワイヤーロープR-SY8、50円程度/m。
オーバルスリーブ：㈱ニッサチェイン、オーバルスリーブAYP-8A、5円程度/個。

チェーン除草する筆者

塩ビパイプで手づくり

浮くチェーン除草機

長野県飯山市●滝沢篤史

長野県飯山市の戸狩スキー場の近くでお米や野菜を無農薬でつくっている、小さな農家です。

農薬を使わずに水稲を育てたいと考え、探していたところ、是永宙さんの「浮くチェーン除草機」（２０１０年５月号）が『現代農業』のバックナンバーでヒントを目に留まりました。これなら部品も調達しやすく、自分流にアレンジできると思いました。

浮きの部分には直径75㎜の塩ビパイプ２本、チェーンをぶら下げる芯には25㎜の塩ビパイプを使いました。これらをまとめて固定するのにはバーベキュー用の金網などを使い、引っ張るヒモは濡れても苦にならないマイカー線にしました。

チェーンは、いらなくなったタイヤチェーンの駒をタクシー会社から譲ってもらいました。長さは30㎝くらいで理想的な長さでした。タクシー会社に聞いてみるとお宝が出てくるかもしれませんよ。材料費

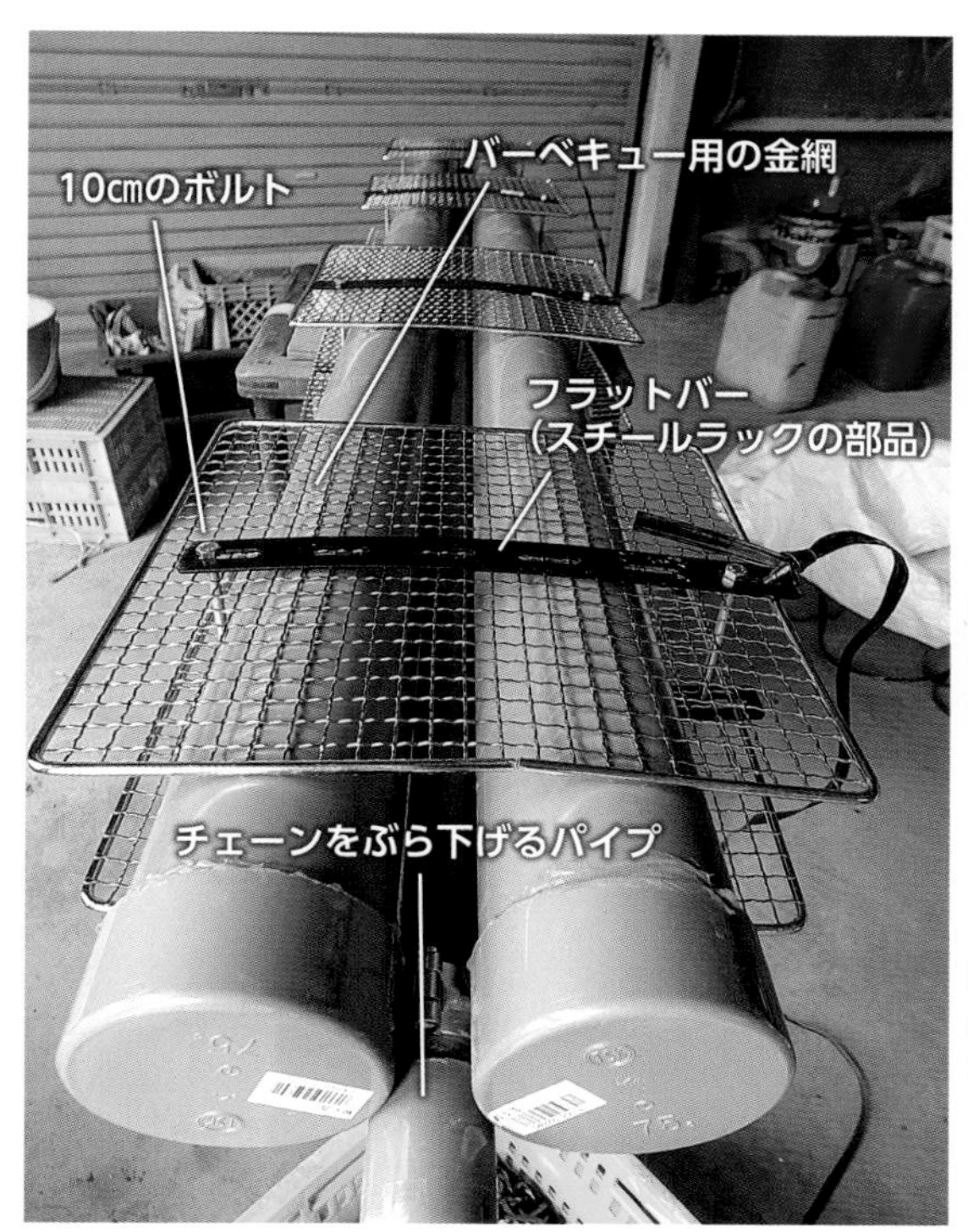

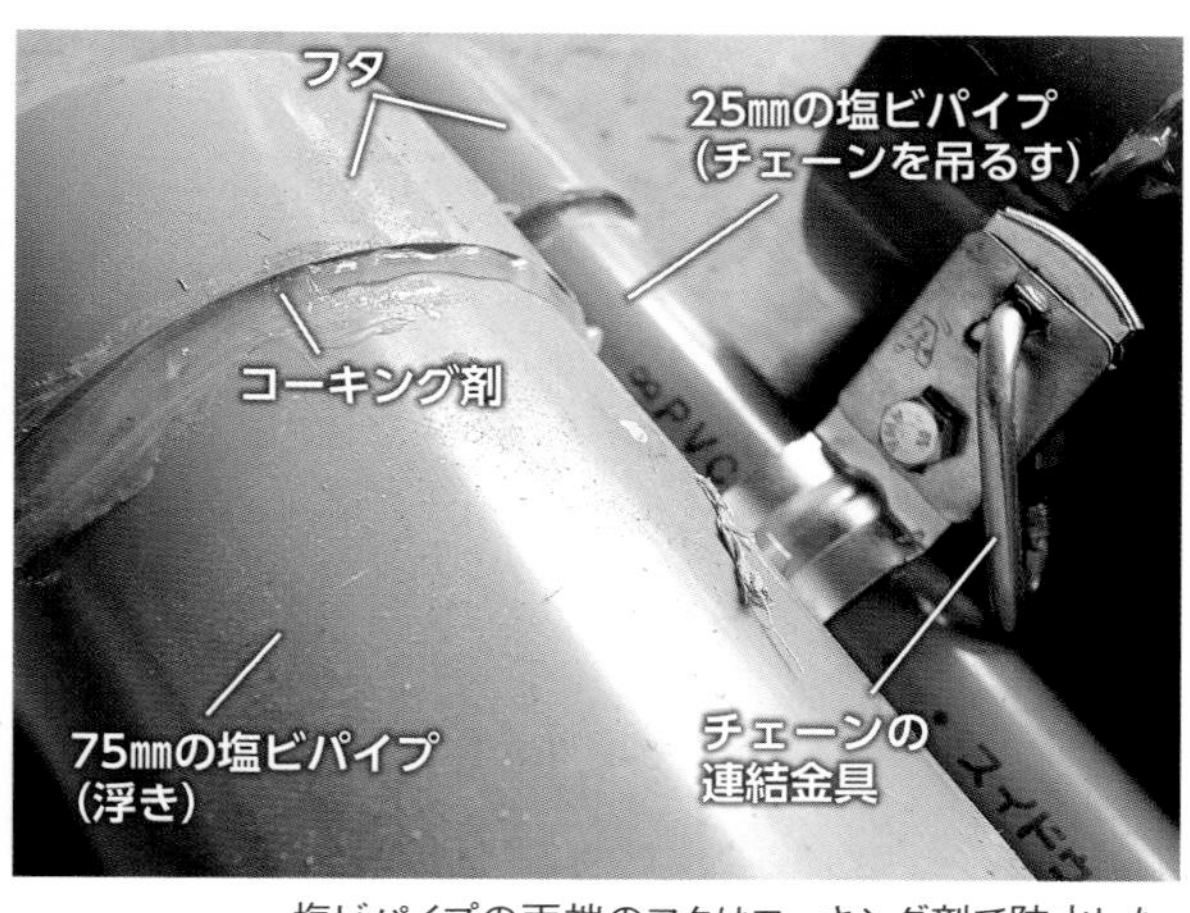

塩ビパイプの両端のフタはコーキング剤で防水した。チェーン連結金具は4カ所つけた

塩ビパイプ3本は金網で挟んでボルトで固定してあるが、パイプどうしの固定はされていない

2m30cmのチェーンに30cmほどのタイヤチェーンの駒をつけた

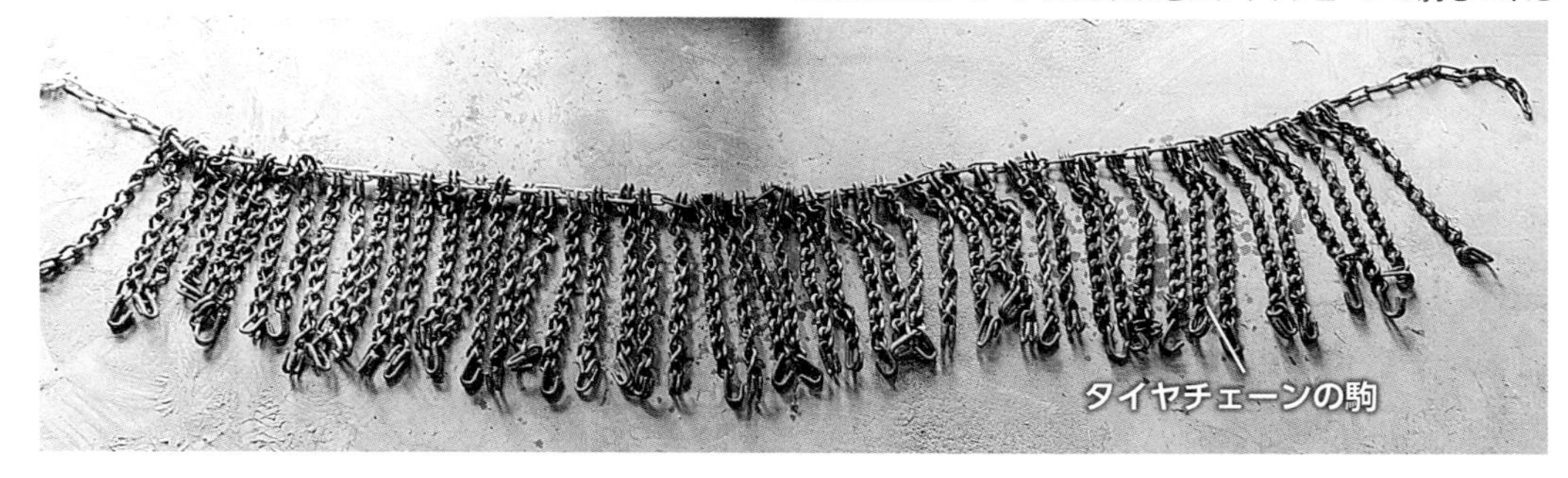

は全部で8000円かかっていません。

除草機を使うときは、前日から10cmくらい水を張ります。あとはかき残しがないように引っ張るだけです。条間だけでなく株間にも効かせたい場合、横方向にもかけられるのがチェーン除草機の強みです。

除草後、イネはちょっと横になりますが、数日後には元に戻っています。抜けることはありませんでした。

除草するのは田起こしをしてから間もない時期なので、ワラやイネの株が残っていて除草機に絡むことが課題です。秋起こしをして、春先に残渣が少ない状態にすると効率が上がると思います。とろとろの田面づくりが肝心だと思いました。それから、草は大きくなると取れなくなりますので、初期除草を徹底すること。1週間ごとにできれば理想的です。

今年は忙しさにかまけて草を大きくしてしまい、効果が上げられなかったので、来年はちゃんと除草機を定期的にかけていきたいです。

（『現代農業』2013年11月号）

浮くチェーン除草機をカルチにつなげて除草していく

中耕除草で増収

中打ち八へん農法

山形県酒田市●荒生秀紀

筆者。1975年、山形県酒田市生まれ。鶴岡高専卒業後に就職するも体調を崩し、2000年から実家の農業を継ぐ。山形大学農学部研究員

「なぜ、人間が食べるものだけに大量の肥料を使うのですか？」

２００６年に山形大学農学部の粕渕辰昭教授から言われた言葉です。山の木々はもちろん、田んぼのアゼに育つ雑草まで人間から肥料を与えられなくても毎年育ちます。しかし、私たちが日々食べている米や野菜、果物には多くの肥料が使われています。同じ植物でも違いがあるのでしょうか？　本当にイネは肥料がないと育たないのでしょうか？　そんな疑問から「無肥料・無農薬」でのイネつくりがスタートしました。

有機栽培でガスわきに悩む

当時私は、有機栽培に取り組んでいました。しかし、田植え後のガスわきにより根の活着が悪く、除草機を押そうにも押せな

い問題を抱えていました。そうこうしているうちに雑草が繁茂してきます。さらに弱ったイネをねらってイネミズゾウムシが発生し、収量に大きなダメージを与えていました。

粕渕教授と出会い、この問題点を話すと「大学で一緒に研究してみませんか?」との誘いを受けました。正直、農作業と勉強の両立ができるか不安でしたし、もともと勉強は嫌いでしたが、この問題をクリアしないかぎり、私の農業の未来も見えませんでした。

2007年に山形大学農学部の修士課程に入学し「無肥料・無農薬での水稲」をテーマに研究を開始することになりました。「まともな米は収穫できるのか?」「土壌がやせるのではないのか?」「長期的に継続できる農法なのか?」と様々な意見があり、周囲から無謀と言われたテーマでした。

中耕8回で犬が餓死する!?

無肥料・無農薬栽培の研究をするにあたり、まだ肥料や農薬が普及する前に書かれた古い書物を読み返すことから始めました。そこで出会ったのが江戸期の農書を集めた『日本農書全集』(全73巻、農文協)で、そこには「中打ち八へん犬を餓死させる」「草はなくても草をとれ」「土を掻き回すだけでよい」など、除草についての興味深い記述が数多くありました。

「中打ち」とは「中耕」を意味します。当時、犬にはクズ米を食べさせていました。中耕を多数回行なうことでイネの穂がよく稔り、犬に食べさせるクズ米がなくなってしまう(「犬を餓死させる」)というのです。

田んぼに入っての除草作業は重労働ですから、できるだけやりたくないものです。しかも当時はすべて手作業、田んぼだけでなく畑作業も同時にこなしていたはずです。それでも「草はなくても草をとれ」「土を掻き回すだけでよい」と言っています。除草は、たんに雑草を取り除く目的だけでなく、それ以外の大切な理由があるように感じました。次第に「除草」というより「土壌攪拌」そのものが目的ではないか、とも考えるようになりました。

そこで、私達は「中打ち八へん」を再現してみることにしたのです。

4回以上の除草で増収

初年度は6月下旬と田植えが遅れました

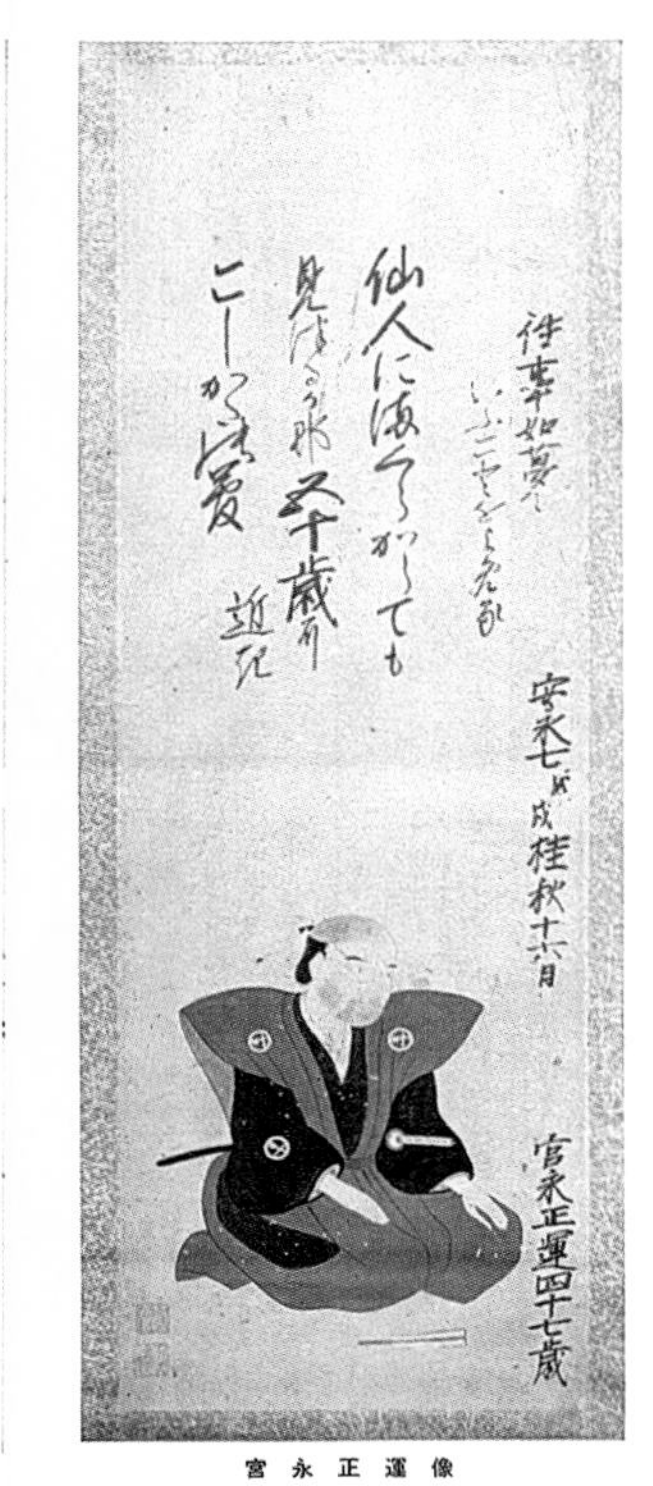
宮永正運像

寛政元年、越中砺波の老農宮永正運は農事万般と農民の生き方とを『私家農業談』六巻に記して子孫に遺した。立地、風土に根ざした貴重な農書。上の写真は表紙と序文の冒頭の部分。

— 1 —

越中砺波(富山県)の老農、宮永正運が子孫に遺した『私家農業談』(1789年著、『日本農書全集』第6巻所収)に「中打する事八遍なれハ犬を餓殺す」との記述があるが、まずは1aの試験圃場で無肥料・無農薬で中耕除草をしない区と、手押し中耕除草機で8回中耕除草する区とで、比較試験をしました。すると、初期は中耕除草しない区のほうが生育良好でしたが、8月後半からは除草区が追い抜き最後は約3倍の収量となりました。農書の記述が正しかったことを確信しました。

除草終了後には、田んぼに亀裂が入るくらいの強い中干しに入る。
乾土効果で一気にチッソが放出される

2年目以降は30aの山形大学農学部の圃場（鶴岡市）にてササニシキを無肥料・無農薬で栽培しています（そのほか、酒田市にある2・7haの私の圃場でも実施）。

2、3粒播きのポット苗を田んぼ（露地）で育苗し、4・5葉苗を坪63株で植えています。除草はミニカルチ（オータケ）を使用し、チェーン除草機を手づくりしてカルチにつなげて引いていきます（田植え直後の1回目だけはチェーンなし。条件をそろえるために、その後はすべてチェーンをつなげて除草）。

除草期間は5月末の田植えの2日後から48日間とし、区画によって1、2、4、8、12、16回と回数を変化させて調べました。4回以上除草を行なうことで雑草量が減少し、米は増収します（上図）。2013～2015年の3年間の結果では4、8回ともに玄米で500kg以上の収量がありました。また4回と8回との比較では8回のほうがより安定した収量がありました。

攪拌回数による雑草の発生量と収量の違い
（2013～2015年の平均）

攪拌回数（回）	1	2	4	8	12	16
玄米重（kg/10a）	287	376	514	525	533	533

光合成細菌がチッソ固定

この「中打ち八へん農法」とも呼べる多数回除草によって、米が増収するのはなぜでしょうか？

水田の表層に生息する光合成細菌が、太陽光を受け大気中のチッソを土壌に取り込むことは以前から知られています。光合成細菌が蓄えた有機態チッソは、土壌を攪拌することで土壌中にすき込まれて分解が進み、イネが吸収できるチッソに変換される

6月11日
30 aの田んぼを除草回数で区分けして試験
1回区
2回区
4回区
8回区
スッキリ
12回区
16回区
7月13日
1回区
2回区
4回区
反収
500kg
超え
8回区
収量
安定
12回区
16回区

と考えられます。

攪拌することで、「さら地」になった表層にまた光合成細菌が生まれ、大気中からチッソを取り込みます。これを繰り返すことで土壌中のチッソが増加していきます。一見すると無肥料栽培は土壌からチッソを収奪していき、収量が徐々に減少するように感じますが、水田では日々有機態チッソが生みだされ、これを活用してイネは生長しているのです（『現代農業』２０１６年12月号134ページも参照）。

中打ち八へん農法をスリランカのペラデニア大学でも実践してもらいました。アゼで区切った５ｍ四方の圃場をたくさん用意していただき、除草回数を変えて調べるのです。

圃場の土はレンガの材料になるような赤土で、土壌分析結果ではチッソ量が非常に少ない痩せ土です。無肥料栽培はとうてい無理だと現地の教授にも言われましたが、結果は８回除草区で10ａ換算で６俵以上とれました。光合成細菌によるチッソ固定の効果は、気候や土壌条件が違っても期待できそうです。

生長に合わせてチッソ供給

また、中打ち八へん農法には、漸増追肥と同様の増収効果があるとも考えられます。これは北海道農業試験場で１９７０～80年代にかけて開発されたもので、春先の気温が低い北海道でも10ａ当たり７５０kg以上の収量を得ることができる農法です。

漸増追肥とは、イネの生長に合わせて少しずつ追肥量を増やす方法で、イネの葉のチッソ濃度がほぼ一定で推移することで、デンプンが安定的に生産され、増収に結び付きます。

多数回中耕除草でも、５～６月にかけて気温が上がり微生物による分解速度が向上することで、イネが吸収できるチッソも増加していきます。それに合わせてイネも生長するため、漸増追肥農法と同じ効果が出ていると考えられます。

収量増へのカギは分解速度と循環の環

同じ圃場で無肥料・無農薬による実験を９年間継続していますが、経年的な収量の低下は見られませんでした。病害や虫害も発生していません。有機栽培をしていた当時に悩まされたガスわきもなくなりました。生物の多様性が豊かになり、バランスのとれた耕地生態系が形成されたためと考えます。

これまで、除草はもっぱら「雑草を取り除く」作業として行なわれてきました。しかし、中耕除草には微生物によるチッソ固定を促し、有機態チッソの分解速度を速め、イネに速やかに吸収させるという生育促進効果もあったのです。無肥料・無農薬栽培におけるイネの収量は、この物質循環の速度と、循環の環の大きさに比例するの

4回区の圃場だが、水が溜まりやすい場所にコナギが繁茂した。イネの生育は旺盛で収量に影響はなかった

ではないか、とも考えています。
ただ、一番の問題点は除草回数が多いため、一人で管理できる圃場の面積に限界があることです。今後は除草の自動化や半自動化、さらに最適な除草タイミングとパターンの検討、循環速度をいっそう速めるための水田土壌の構造の解明など、さまざまな課題に挑戦したいと思います。
（『現代農業』２０１７年７月号）

マグロ釣りスタイルでチェーン除草

新潟県阿賀野市●石塚美津夫

2人がアゼの対岸に立って、電動リールで引っ張り合う

15cmの深水で浮く設計
フロート2.7m 船で使うFRP製を特注
チェーン 7コマ×65列（約4cm間隔）
ワイヤー
マグロ釣り用の道糸

今から8年前、55歳でJAを早期退職し、専業農家の道へと歩んだ。有機農業は20年前から実践していたが、ご多分にもれず、草との戦いであった。除草法は、深水、米ヌカペレット、チェーン除草である。

しかし、還暦を迎える人間が田んぼに入ってチェーンを引く姿は、悲壮感が漂う。若者たちに継承できる「遊び心のある抑草技術」はないかと考え、ひらめいたのがこのスタイルだ。

電動リールの力とチェーンの抵抗や浮力との関係、道糸の太さ、チェーン幅やコマ数など、最初は試行錯誤の連続だったが、「次はこれで」と考えるのが楽しかった。

チェーン除草の鉄則は、田植え後早めに引くことである。そこで活着が早く深水にも耐える大きな葉齢のポット苗とのセットで行なう。作業は2人1組で対岸に立ちながら、交代でリールを巻き、手前に来たら列をずらしていく。除草作業が楽しくなり、1日1・5ha以上の作業が可能である。
（『現代農業』２０１６年５月号）

ラグは切り取る
インパクトレンチでネジを回転させて上げ下げする

Uターン時の苗へのダメージを軽減するため、後輪のラグを切り取り、除草部分を昇降できるよう加工した

株間も逃がさない

竹ぼうき&チェーン合体除草

広島県北広島町●前原武人

15年前、自動車の修理屋を57歳で退職し、父が守ってきた9反5畝の田畑を引き受けました。「楽しい農業を」と2反をアイガモ水稲同時作に、4反を酒米の契約栽培とし、残りはハウスでブドウや野菜の少量多品目栽培を行ない、産直市に出しています。

コナギ、オモダカ、ウキアゼナなどはアイガモのよきご飯、虫はおかずとなりますが、なぜかヒエはお気に召さないようで、完全除草とはいきません。そこで、田植え機を利用してチェーン除草やほうき除草を試みましたが、前者は株間の除草がいまいちで、後者は少し根の張った草に対応できません。

そこで、竹ぼうきとチェーンを組み合わせてみると、これが思いのほか良好でした。チェーンの重みで竹ぼうきがしっかりと土を混ぜ、株間にも届いてくれるようです。

ヒエは田植え後10～20日の1～2葉期が除草適期で、その後はアイガモ君に任せています。

（『現代農業』２０１６年5月号）

溝切り機を改造

自作のウインチで除草機を引っ張る

新潟県上越市●塚田浩一郎

新潟県上越市で10年前に発足した（農）龍水みなみがたは、組合員18戸、経営面積約35haで、昨年は飼料米含め水稲32haを栽培。そのうち、コシヒカリのＪＡＳ有機栽培が２・１ha、特栽米17haで、約４割を直売する。

７年前から取り組んでいる有機栽培は、除草が課題。米ヌカ、歩行型動力除草機、手押し除草機、手取り除草と試したが、いずれも暑い時期に歩きにくい田んぼに入って行なう重労働で、動員する作業員から大変な苦情を受けた。

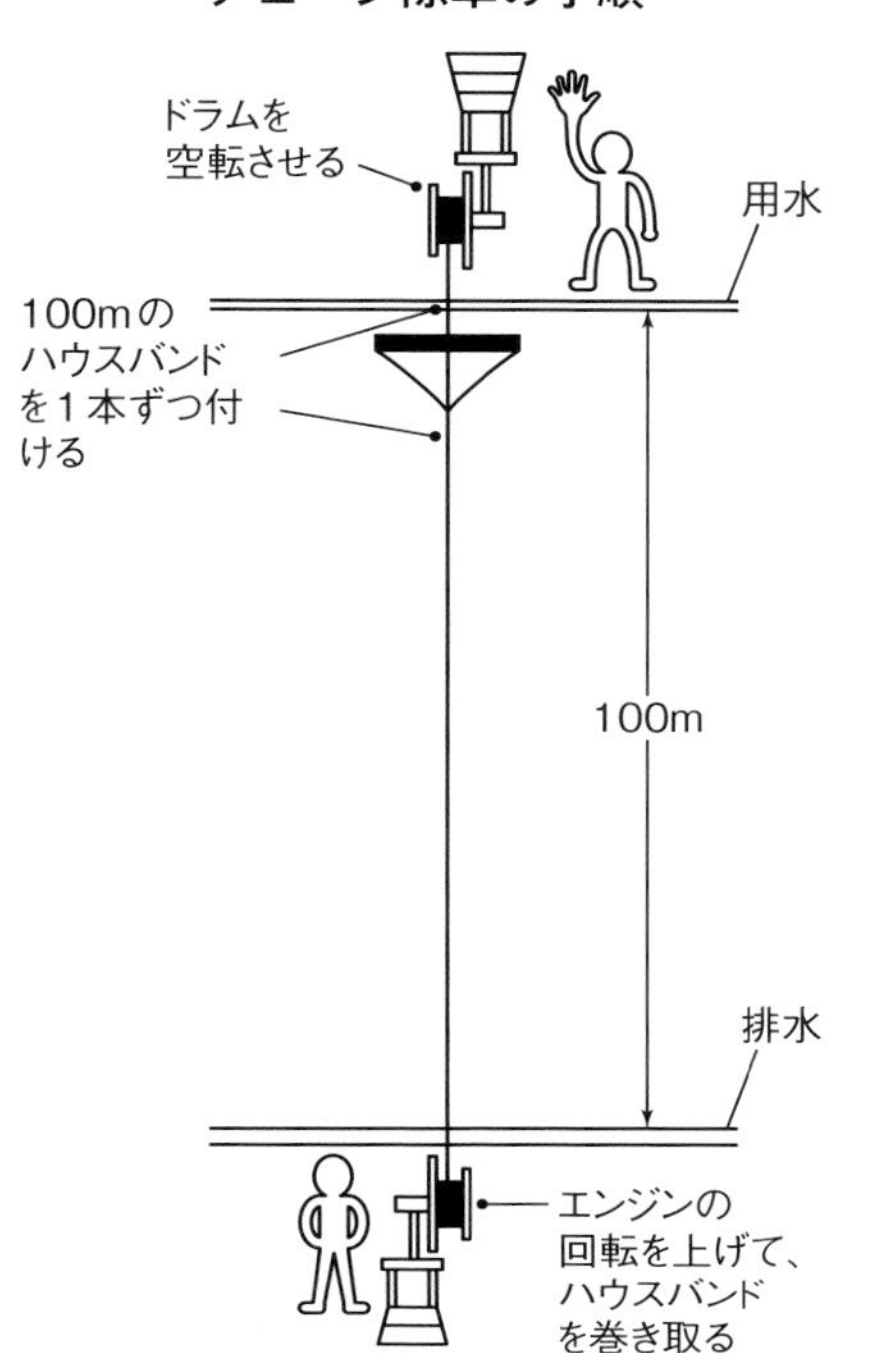

チェーン除草は2人1組で。100mを5分弱で進む

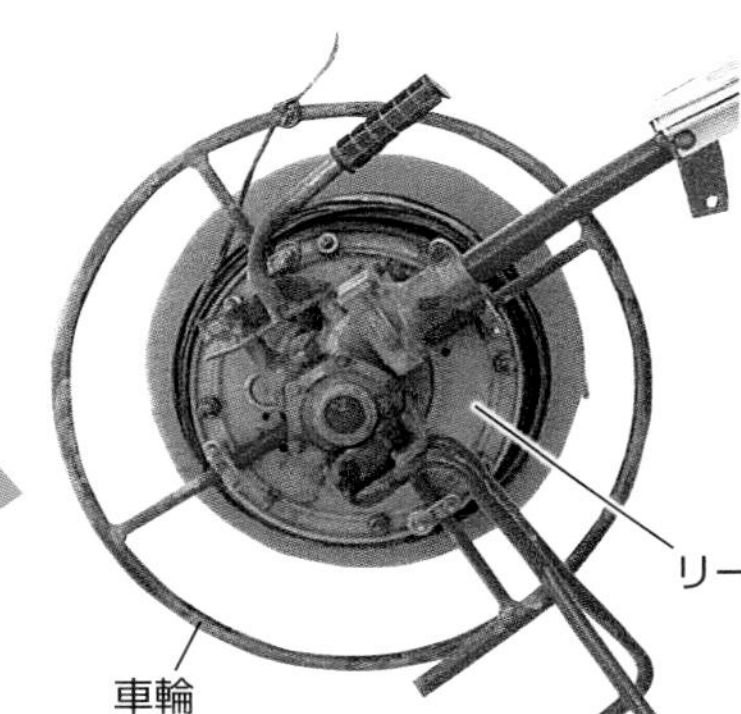

溝切り機の車輪のスポークにリールドラムを固定

リールドラムの片面には円形の板を装着。バンドが外れないようにしている。エンジンをやや大きめな乗用溝切り機のものに交換すると、さらにスムーズに作業できた

チェーン除草も重労働だと苦情

そこで導入したのがチェーン除草だが、当法人が初めに取り組んだのは、2mの塩ビパイプからチェーンをたらし、圃場幅と同じ30mのハウスバンド（5芯入り）を2本付けたもの。ハウスバンドの両端を持った2人の作業員が両アゼで向かい合い、一方が手前に引くとき片方は引きヒモを緩め、アゼ際まで除草したら、反対側が引き寄せる（イネの条と直角に引っ張った）。これを繰り返し、30×100m（約30a）の圃場をおよそ1時間半で終わらせることができた。

この作業は若い組合員が中心となり、勤めに出る前の時間を使って交代制で行

なっていたが、これでもまだ重労働だとの苦情を受けた。
その後、除草機の軽量化など改良を重ね、ついに昨年、長年の理想だった「田に入らず、イネも傷めず、低労力、低コスト」のチェーン除草法を編み出した。

チェーン除草機をウインチで引っ張る

除草作業は、作業員が排水側と用水側のアゼで向かい合う方式。ハウスバンドの巻き取りには自作のウインチを1台ずつ使う。これは、中古の溝切り機の車輪の羽根（ラグ）を切断し、金属製コードリールのドラム部分を装着したもので、これでハウスバンド（100m）を巻き取る。

ウインチを安定させるため、鉄パイプやL字鋼を溶接してつくった大小2本の脚を装着。さらに、ハウスバンドを送り出すときのために、ドラムの回転軸のボルトを抜きとればドラムが空転する仕掛けに。JA農機部の職員と共につくり、半日くらいで完成した。

この自作ウインチを使って、圃場の両端から4mのチェーン除草機を引っ張り合う。除草機を4、5往復させ、30aの除草を1時間で終わらせることができるようになった。

チェーン除草をラクにすることができたので、今年は有機栽培米の面積を3・7haに増やすつもりである。

（『現代農業』2015年5月号）

チェーン除草機は幅4mのものが安定して進む。3mの除草機を使ったこともあるが、巻き取りを早くすると左右にぶれて真っ直ぐ進まなかった。本体は、直径10㎝ほどの竹を利用している

軽トラで引っ張る 6mの巨大チェーン除草機

大分県国東市●村田光貴

陸前高田市でリンゴや野菜をつくっていたが、東日本大震災で市内3カ所の農地はすべて被災。農業を再開できる見込みがなくなったので移農を決意し、現在は大分県国東（くにさき）市で肥料や農薬を使わないお米づくりに挑戦中。経営面積は田んぼ7ha、オリーブ50a、野菜30a。

6mの巨大チェーン除草機

無農薬稲作の1年目と2年目は、あめんぼ号（歩行型の動力除草機）を使っていたが、条間は除草できても株間に草が残り、結局、草だらけになってしまった。そこで、3年目となる昨年からチェーン除草を取り入れた。

初めは、２ｍのチェーン除草機に漁業用ロープをつけて、両アゼから引っ張りあって除草していたが、大面積を効率よく除草できるようにと、４ｍに延長、チェーンの数を増やすなどの改良を重ねた。そして出来上がった現在のものは、長さ６ｍのダブルチェーン方式。内側のチェーンで稲株を倒し、外側のチェーンが株元の草を確実に取る。２ｍの除草機と比べると、６倍の効率となったと感じている。

筆者のチェーン除草のやり方

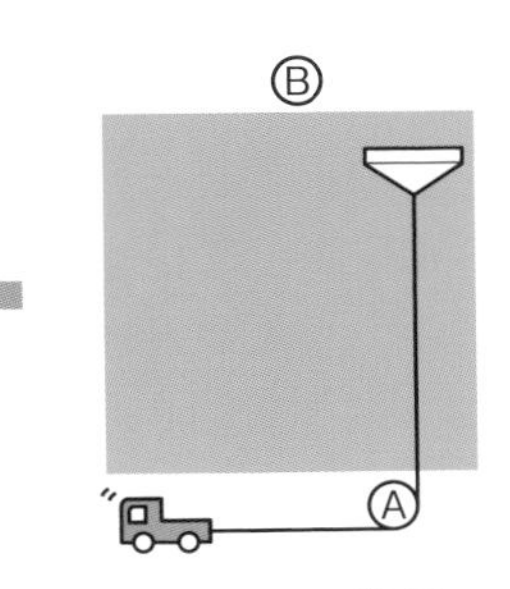

Aの滑車にロープを引っかけ、ロープの端を軽トラに固定し、牽引する

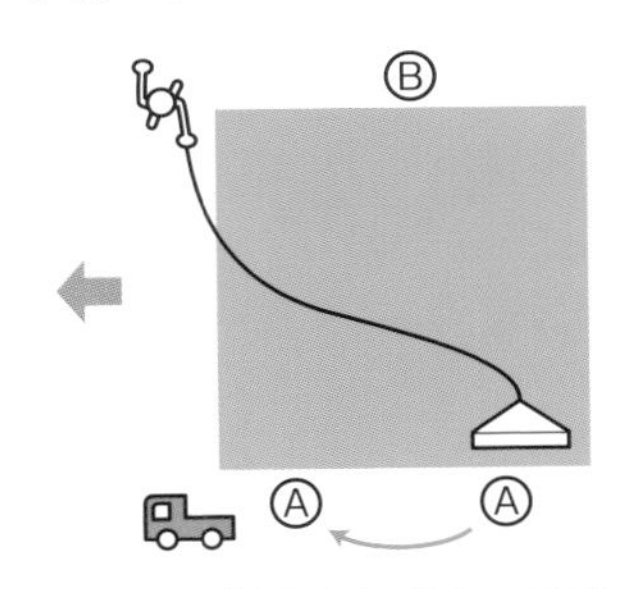

Aの滑車を矢印の方向に移動。Bの滑車にロープを引っかけたあと、Aの滑車にもロープを引っかける

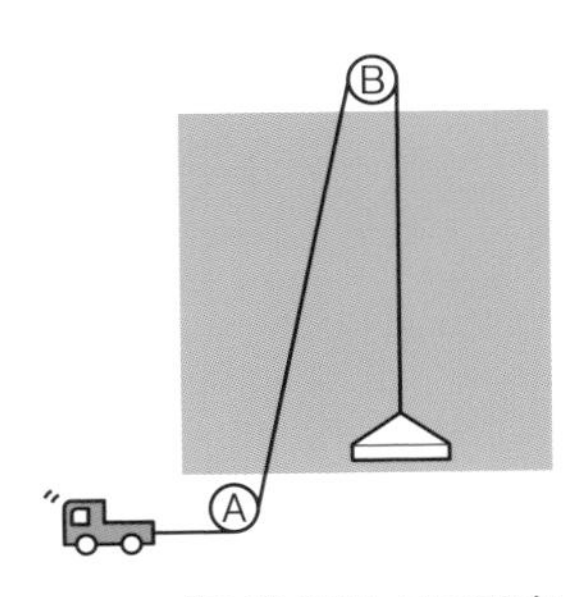

ロープの端を軽トラに固定し、再び牽引。以後、同じことを繰り返す

重すぎるから、軽トラで引っ張る

しかし、除草機は75kgの重量となり、とても人力では引っ張れない。

そこで、漁業用ロープに繋いだ除草機を軽トラで引っ張ることを考えた。時速５km で牽引（けんいん）、アゼ際に固定した滑車（一輪車の車輪を利用）のおかげで、除草機は真っ直ぐ進む。この方法で、２反の除草が約30分で終わるようになった。

最初に比べたら作業性はよくなったが、まだまだ改良できると思っている。今後、よりよい除草機をつくっていきたい。

（『現代農業』２０１５年５月号）

滑車は、一輪車の車輪の軸に金属の棒を通したもの。除草作業は深水にして行なう

長さ6mの巨大チェーン除草機。チェーン2本を吊る塩ビパイプは直径10㎝、2本のチェーンはそれぞれ30kgある。チェーンは開閉式の金属金具で取り外せるようになっている

ヤンマーの乗用6条田植え機にチェーンを取り付けた。チェーン（クロムメッキ鉄、太さ0.7㎝、長さ85㎝）は、隙間をつくらないよう整然と配列。作業時は40～50㎝を田面に落として引きずる。写真は6条用だが、チェーンの付いた補助ウイングを両端に付ければ、一度に13条除草ができる。中古田植え機代と改造費で28万円。タイヤのラグがそのままだと、走行時に植えた苗をひっくり返すことが多くなるので、左右両端を切り落とした（下写真）

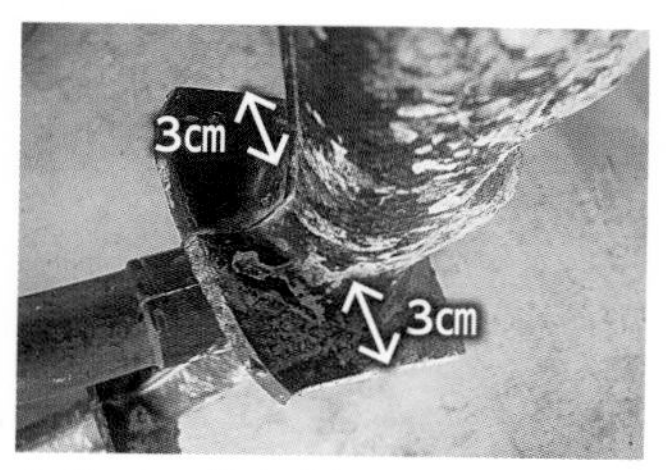

タイヤのラグを切断

チェーン除草を成功させるための仕掛け

福井県越前町●清水豊之

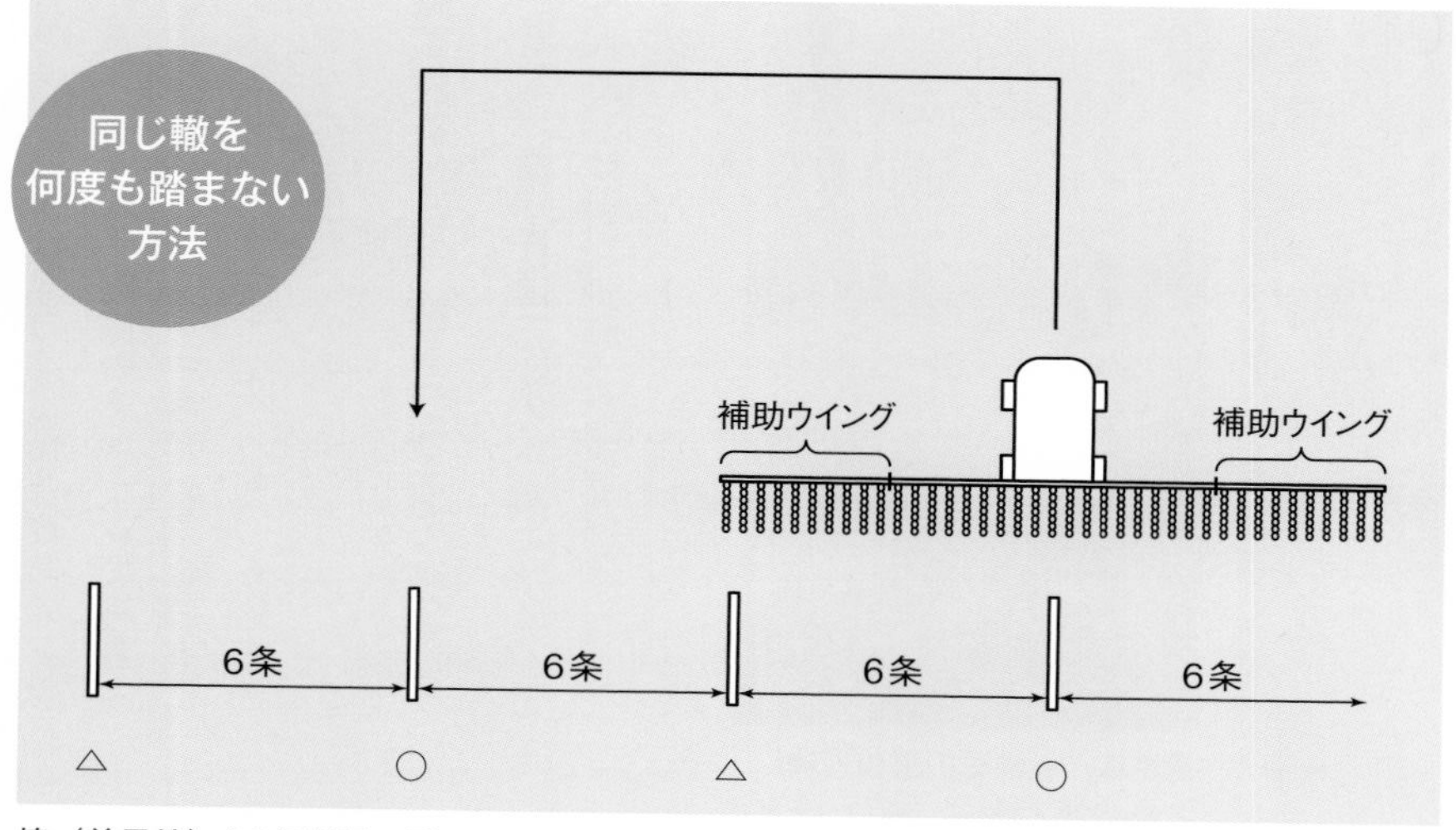

棒（着果棒）を6条間隔で挿しておき、1回目の除草は○の棒を目がけて走り、2回目は△……とすれば、田植え機の轍が重なる回数が減り、ぬかるみにくい。アゼ際を走るときは、どちらかの補助ウイングを取り外すとアゼに当たらない

経済的、精神的、労働的コスト負担を軽減した無農薬栽培米の生産を目的としてチェーン装着型改良乗用除草機（以下、CH除草機）を開発した。

ポイント1　代かき

チェーン除草を的確かつ効率よく実施するためには、代かきから田植えまでの日数を可能な限り短縮することが大事である。雑草種子の発芽を遅らせ、1回目の除草までの雑草量を最小に留めるためである。

通常のように田植え1週間前頃に代かきを済ませ、代かき1～2日後に落水。そして田植え当日、または前日の午後遅くにもう一度代かき作業をする。このとき田植え時に苗が立って、抜けないような土の硬さ（耳たぶの硬さ）に仕上げておく。

ポイント2　枕地は後で補植

田植え機で往復するとき、条列の幅（6条と6条の間）が変わるようでは、除草の際に車

輪で苗を踏む確率が高くなるので気を付ける。また、枕地ロータ−が装着されている場合は、土を練って雑草を抑えるために田んぼ全面で活用する。

それから、CH除草機の後輪に補助輪を装着している場合は、枕地に植えた苗を除草中に後輪で踏みつぶしやすい。したがって田植えのときは枕地（約3m幅）には植えず、余った苗を額縁近辺に挿しておき、除草期間終了後に補植する。後輪が一輪の場合は、枕地にも最初から苗を植える。

ポイント3　深水で除草

除草期間中は基本的に落水は行なわない。とくに除草時には苗がようやく見える程度の深水にする。これは、チェーンを引きずって走行するとき、チェーンの下敷きになった苗が素早く起き上がるように浮力を作用させるため。水深が浅いと、泥をかぶった苗が寝たままになる確率が高くなる。

ポイント4　同じ轍を踏まない

最初の除草は田植え3日後。その後は3～5日おきに除草作業を行なう。倍速ペダルを使用すると30aを約30分で済ませることができる。除草終了は初回除草時から1カ月を基本とする。

なお、粘土質土壌の圃場ではCH除草機がいつも同じ列を通ると足場が深くなり、結果、前輪車軸が泥を押すことによって苗を埋没させてしまう。そのため、除草幅を延長する「補助ウイング」を利用して、轍が重ならないように走行する（前ページの図）。

（『現代農業』２０１４年5月号）

ラジコンボートで ビニペット除草機を引っ張る

北海道旭川市●浅野晃彦

脱サラして農業を始めて31年がたちました。有機JAS認証をとり、季節の野菜やアトピーに有効とされる水稲品種「ゆきひかり」を栽培し、ご家庭に配達しています。

栽培面積は北海道では小規模なほうですが、農薬を使用しない栽培方法だと労力が大きな課題になります。なかでも除草は大変です。とくに3haある水田は手取りだと除草姿勢がツラく、誰かに手伝ってもらうにしても、イネとヒエの識別方法などを伝えるのが大変でした。

アイガモと機械除草の組み合わせ

そこで出会ったのがアイガモ農法でし

一番右が筆者

除草剤散布用ラジコンゴムボートにビニペット除草機を装着して引っ張る

た。平成4年から始めて20年以上になります。紆余曲折あり、何とか自分のモノになったような気がします。

しかしアイガモ農法の除草効果は、気候条件などによって大きく左右されるところがあり、5年ほど前からは、アイガモ投入（田植え2週間後）前の田植え後5～6日目にチェーン除草機を引くようになりました。作業時間は反当約30分。アイガモを入れたあとにも一度引きます。その結果、アイガモと組み合わせることで、雑草の発生はかなり抑えられました。しかし、年とともに少しでもラクをしたいという思いが出てきました。

ビニペット除草ボートのしくみ

ボート
塩ビパイプ
30㎝
80㎝
ビニペット

塩ビパイプに穴を開けてビニペットを差し込み、固定した

ビニペットをラジコンボートで

ある日、知り合いのラジコンヘリの専門家、Uさんと話す機会がありました。Uさんは、今度からラジコンゴムボートでも除草剤散布の受託をしようとしていました。そこで、「チェーン除草機も引っ張れるのでは？」と相談したところ、チェーンは重いからビニペットでやろう、ということになり、簡易ビニペットを30㎝間隔に取り付けてボートを走らせてもらうことになりました。

ボートの動力がファンなので強風時にコントロールできない等、改良点はまだありますが、縦横にしっかりかけても、作業時間は移動時間を含めて反当たり10～15分程度。アイガモ投入前の一度だけでチェーン除草以上の効果がありました。また、ラジコン飛行機のエンジンを使用しているので、燃料もさほど必要ありませんでした。

（『現代農業』２０１４年５月号）

アイデア爆発！ 田んぼの除草器具

草がおもしろいように浮いてくる 中野式除草機

栃木県茂木町●中野英樹

中野式除草機を持つ筆者と愛用者の矢野久さん、木村清一郎さん（左から）。矢野さんは酪農家だが、耕作放棄地を復田してオーナー制度を始めた。オーナーは中野式除草機を使って自分で除草し、アゼ草刈りもするのが条件（倉持正実撮影、Kも）

株元ギリギリをなめるように除草できる（条間1条用）

陶芸の仕事をしています。24歳のときに借家の大家さんから「田んぼをやってみないか」と言われ、「どうせなら有機無農薬で」と素人考えで始めたのが、ちょうど20年前。数年間は、まさに田の草地獄でした。

米ヌカがいいぞと聞いてはヌカをまき、効果がないので手で除草をすると、今度は土中に踏み込まれた米ヌカがガス害を起こし、イネが根腐れする始末。カギ爪型や釘を百本打ちつけたものなど、自分で道具をつくっても惨敗。しまいには田んぼの中に顔を突っ込むまでに……。でも、見えるものはただの泥。「今年で田んぼはやめよう」と思った年のこと、泡立て器を田んぼに持ち込み、表面をシャカシャカしたら、驚くほど草が浮き上がってきたのです。

雑草は表層わずか1～1・5㎝にあるタネから発芽します。それより深い層では眠ったまま。したがって、表層の軟らかな層のみを、卵の白身を溶くように水に溶かすことで、小さな草が次々と浮いてくるわけです。

この原理の発見後、形状やタイミングなどを模索し、たどり着いたのが「中野式除

前後に10㎝ほど小刻みな動きを6、7回繰り返すことで発芽層は完全に液状化し、根と泥が分離。草が水面に次々と浮き上がってくる（大きな前後運動では除草効果が出ないので注意）

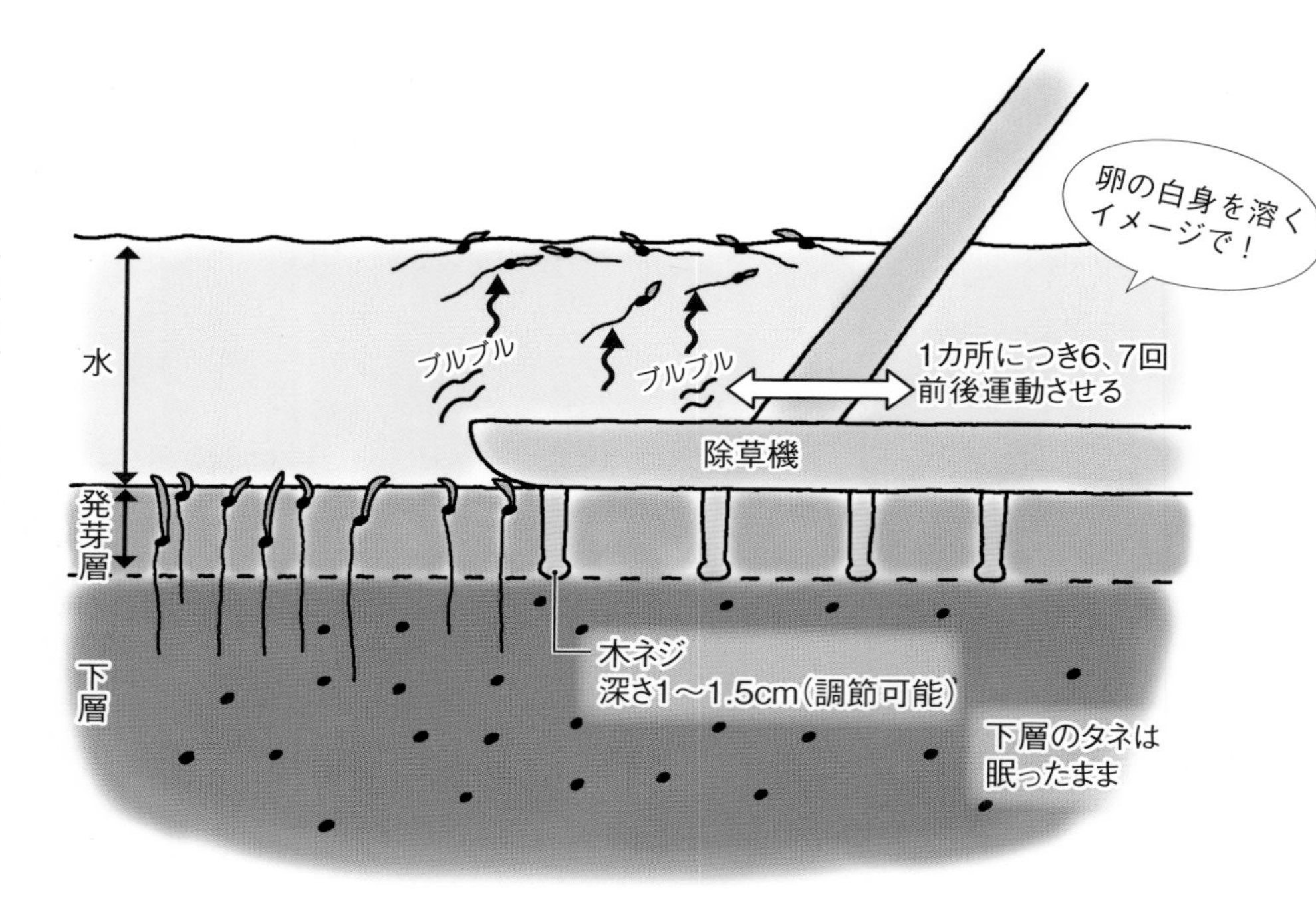

草機」（特許取得済み）です。表層のみを攪拌するので、土の抵抗がほとんどなく、女性や高齢者、子どもでもラクに使えます。イネの株元ギリギリをなめるように作業でき、確実に泥と草を分離します。田植え1週間後の一番草と、その10～14日後の二番草を浮かせるだけで完全除草が可能です。

昨年から販売していますが、慣行栽培から有機栽培に転向する農家が、近隣で10軒以上誕生しました。県外でも本格的に導入する農家が増えています。

（『現代農業』２０１７年5月号）

田植え約1週間後。水の深さは4～5㎝が最適。前後10㎝ほどの範囲で小刻みな動きを5、6回繰り返す（動く範囲が広すぎると効果が出ない）。イネの株が振動で揺れるくらい株元ギリギリまで寄せて作業する（K）

裏側から見たところ。木ネジに約4cm間隔でピアノ線が張られている（*）（K）

条間2条用の除草機を使う筆者

取材時に撮影した動画が、ルーラル電子図書館でご覧になれます。
http://lib.ruralnet.or.jp/video/

発芽層が液状化して根と泥が分離。発芽後の草は比重が軽く、水面に浮き上がってくる（K）

筆者の田んぼ。ほぼ草がない。1回目の作業のあと、10～14日してもう一度かけるだけで秋までほったらかし。夏の炎天下での草取りから解放される。草の生え方は年々おとなしくなる（K）

購入先：中野水田除草研究所
TEL 0285-62-0099
（条間1条用・株間1条用1万5000円、条間2条用3万5000円）
＊特許第5147086号。模倣品は効果が安定せず、特許権侵害で損害賠償請求の対象となるため、おやめください。

株元までゴシゴシ

円形草取り器

山梨県富士川町●上田裕之

お問い合わせ：
tsutitosora@gmail.com

中腰にならずに作業できる

刃物など暮らしの道具をつくる鍛冶屋を営んでいますが、妻が耕作している有機・無農薬の田んぼ7aを、私も3年前から手伝い始めました。

田打ち車と八反取り（手押し水田除草器）で除草、その後、株周りの泥を中腰になって手でかき混ぜて雑草を浮き立たせるのですが、私は中腰で長時間作業することができず、立った姿勢で株周りの雑草を取れる道具をつくろうと思いました。

イネを傷つけない

この除草器は、鉄の帯が輪になって刃が下についています。デッキブラシのような感覚で土の表面をゴシゴシ擦ると、雑草が浮き上がってきます。円形で刃が下向きなので、イネを傷つけず、株の間際まで除草できます。また、刃の帯のみだと、泥の上を水平移動するには抵抗がありすぎるので、円形のお皿をつけました。これがソリのような役割を果たし、ちょうどよい抵抗となります。

田植えから2週間後で一度除草し、イネ刈りまで3回ほど使っています。なるべく初期に除草することが望ましいです。

（『現代農業』２０１７年5月号）

ゴルフができるほど一面にコナギが……

自然農法を始めたのは１９９０年。モミガラ除草法を実践しておられた故・谷口如典（ゆきのり）氏の指導を受けました。圃場は水はけがよく、冬に二山耕起をしてよく乾かし、多めの水で代かきをサッと（練らないように）1回行ない、田植え後4日目に動力式の攪拌除草機を一度入れるだけで、除草にはそれほど困りませんでした。

しかし、２０００年に都市区画整備事業で農地がなくなり、車で15分ほど離れた場所に新しく農地を求めました。それまでと違って圃場の乾きが悪く、なかなか秋耕起ができないなど、思ったような稲作ができずにいると、3年目くらいからだんだんコナギが増え、２００６年にはゴルフができるほどに全面を覆い尽くされてしまいました。

田の草取りで腰を痛め、朝に夕に田んぼを見つめることしかできなくなったとき、ふと「溝切り機を入れたあとは草がなくきれいだったな」と思いました。そこで、翌

土寄せして除草 左官くん

鳥取県鳥取市●平木ひとみ

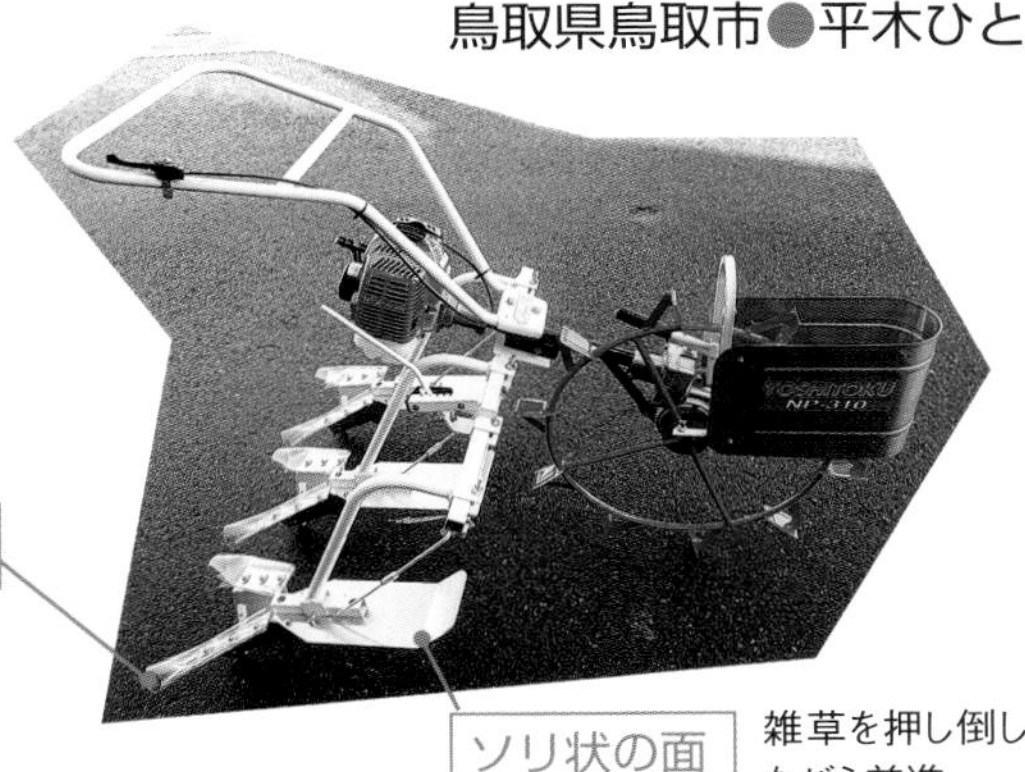

年は田植え後20日で水を落とし、溝切りをしてみました。すると、思った通り、株元に土寄せされて収穫まで草が生えなかったのです。それを見た高齢の生産者から、うちの田んぼでも土寄せしてほしいと依頼を受け、3軒請け負い、喜んでもらいました。

条間も株間もきれいに土寄せ

2008年からは機械メーカーと協力し、何度も失敗を繰り返しながら土寄せ除草機を試作しました。土寄せをすると、左官屋さんがコテで土を塗ったようだったので、この機械を「左官くん」と命名。納得いく仕上がりとなったのは2016年のことです。女性にも作業しやすい3条の歩行型で、条間はもちろん株間もきれいに土が被るようになりました。

ヒエ、ホタルイのように長く上に伸びる草は土から少しでも出ていると生長するので、本葉が伸びる前に一度除草しておくとよいです。田植え後7～10日で一度、20～25日くらいで二度目の除草をします。その後はイネが生長し、日陰をつくってくれるので、コナギも生長できません。

水は前日に落とし、土が水分を含んでいる状態（あまり水が多いとダメです）で作業をします。なので、足も軽く抜けますし、機械に泥がくっついて重くなることもありません。女性でもラクに作業することができます。

なお、圃場の均平がとれていないと水の溜まる場所ができ、せっかく土を草の上にのせても、返り水で洗い流されることがあります。また、自然農法や有機栽培は土が軟らかいのできれいに土が持ち上がりますが、硬い土や砂地の圃場では、少し工夫がいるかもしれません。クログワイはこの方法では除草できませんが、わが家は2年休耕したら激減しました。

2015年度、鳥取県農業試験場が草の上に土が何cm被ると除草できるかという試験をしてくれました。結果は、1cmでも7～8割は効果があり、2cmだとほぼ除草できるとのことでした。

（『現代農業』2017年5月号）

田んぼの形などにもよるが、1反歩の作業時間は1時間強

土寄せ後の様子。下の2条は株間が寄せきれていないが、機械を押さえる強さや速度で調節する

水田除草機「左官くん」
取り寄せ先
鳥取ずいせん生産組合
TEL & FAX 0857-28-0435
（価格26万3000円＋税）

1日最大8ha!

キュウホー利用の乗用除草機

宮城県石巻市●大内 弘さん

石巻市でイネを45haつくる大内弘さん。全面積、除草剤を使わないというから驚きだ。そんな大内さんの除草の秘密は、乗用田植え機（三菱製）の走行部に取り付けられたキュウホーの除草機。株元の草は針金状のタインで、条間はローターで除草する。

この方式は、涌谷町の黒澤重雄さんが開発。除草部は2人いれば持ち上げられるほど軽いから、作業速度も速い。10aの除草は5〜6分、1日で7〜8haもできるという。

除草作業は田植え1カ月後から、10日おきに4〜5回。これでヒエやオモダカ、コナギなどをバッチリ防げる。さらに、「うちは有機物を入れるから、土中でわいたガスを押し出して害を防げるし、根域に酸素を送る効果もある」と大内さんは考えている。

（『現代農業』2015年5月号）

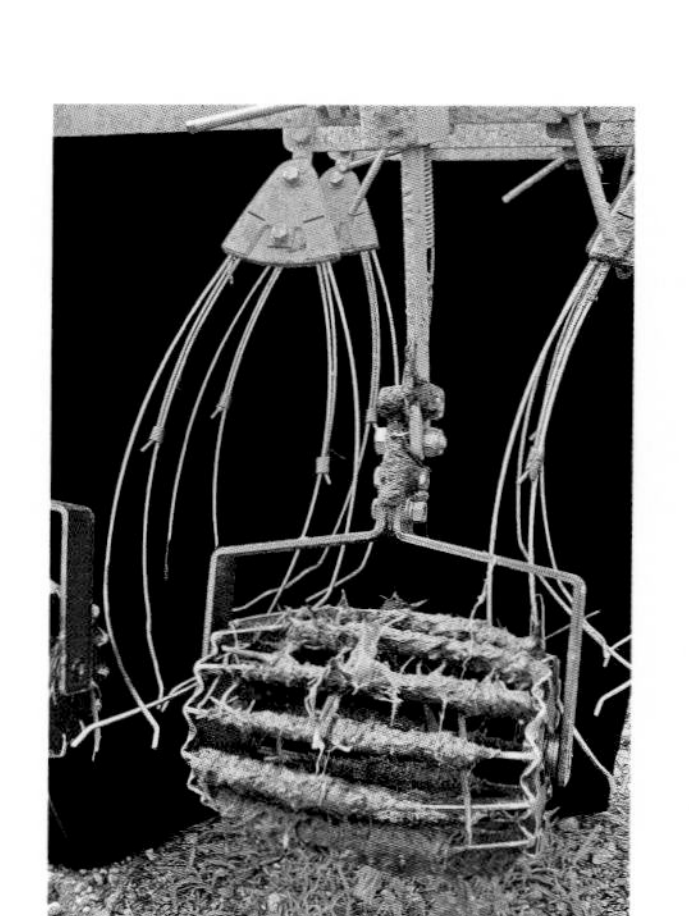

除草部。除草回数によってタインの組み合わせを変えるという

4回目の除草作業。8条のタインに9個のローターがついている。製作は赤羽農機

クジャク除草具

富山県富山市●村田有市

農業生産法人㈲ファームファームは、自立を目指す不登校、ニート、引きこもりと呼ばれる若者に就労体験の場を提供している。

年々作付面積が増え、農薬不使用田の除草作業に追われている。一度に広範囲の雑草を防除できて、なにより楽しく除草を行なえる新グッズの開発を思案してきた。

理想は、一度に何条も除草できて、狭い株間もラクにこなせる方法。「クジャク除草具」完成のヒントになったのは、掃除用具の熊手と竹ぼうき。熊手の手部分をしなりのある竹でつくれば、イネを傷つけずに株間を除草できる。持ち手は神輿のような2本構造。使用者が後ろにもたれることで、地面にしっかり体重をかけられる。

使用するのは中干しまでの1カ月間。歩くだけで除草ができるので疲れにくく、1人で広範囲を除草できるため、充実感や達成感もその分だけ大きい。

クジャク除草具を使う筆者。歩くだけで5～6列の条間を一気に除草。3反田んぼの除草も1人でこなせる（依田賢吾撮影、Yも）

羽根部分の竹は全部で17本。竹の先端部を利用していて、独特のしなりがちょうどいい。その他の部材は近くのホームセンターで購入（Y）

なにより、大げさな道具なので目立つことができる。紅白歌合戦の小林幸子さんの衣装ばりの姿に、近所のじいちゃんも気になってしょうがない様子。無気力だった若者がこれを引いて田んぼを歩き、お互い茶化し合い、楽しみながら除草している。

（『現代農業』２０１８年5月号）

あめんぼ号で引っ張る

クギを打ち抜いた板で中期除草

新潟県十日町市●根津健雄

米どころ、雪どころの新潟県十日町市で約３haの有機稲作に取り組んでいます。

草対策（除草、抑草など）に万能な方法はなく、田んぼの特徴や作業面積などに合わせて工夫を重ねていくことが大切だと思います。

これまで手押し中耕除草をはじめ、米ヌカ除草、チェーン除草などに取り組んできました。

中期除草はより大きな力が必要

表面が軟らかい田んぼでは、チェーン除草やワイヤー除草（農文協編『農家が教えるラクラク草刈り・草取り術』参照）での初期除草は効果が高いと思います。

しかし作業面積が多かったりすると、やむを得ず除草の間隔が空いてしまうことがあります。このため除草しきれなかった草や、クログワイなどやや遅れて発生するものに対応した中期除草が大切になってきます。中期除草は、初期除草よりも大きな力を加えることが必要です。

これに対応すべく、八反取り（手押し水田除草器）を参考に、板にクギを打ち抜いた「はったん除草器」をつくりました。

クギを打ち抜いた板を、あめんぼ号で引っ張る

はったん除草器は、クギ等を打ち抜いた板をあめんぼ号に装着、田面を滑らせることで、雑草を絡め取っていくものです。絡め取った草は、ときどき板を空中に浮かせ、下に落とすこととなります（ドリルねじを用いれば製作は容易だが、草は落ちにくくなる）。

クギは容赦なく土をひっかきます。稲株に近付けすぎると、イネの根を傷つけてしまうので注意が必要です。板の幅やクギの間隔、長さを変えることで除草範囲や力加減等を調整できるので、事前に数種類のはったん除草器を準備し、使い分けることをおすすめします。

（『現代農業』２０１５年５月号）

はったん除草器。１枚の板に約80本のクギを打ち抜いている

あめんぼ号に取り付けて除草。田面に軽く押し付けるようにして進む

竹ぼうき そのまんま除草器

山梨県北杜市●楠瀬正紘さん

『現代農業』では、これまでに竹ぼうきをバラバラにしてつくる除草器をいくつか紹介してきた。楠瀬さんは、1本1本そのまんまの形で組み合わせ、圧倒的なボリュームで除草効果を高めている。

（『現代農業』２０１８年５月号）

合計6本ものほうきを連結。ほうきは品質重視で、ホームセンターではなく金物屋で購入

髭鯨（ひげくじら）

茨城県石岡市●魚住道郎さん

112ページで畑用のオリジナル除草器を紹介してくれた魚住さん。水田除草は、アゼからラクラクできる「円月殺（雑）草法（えんげつさっそうほう）」（図）。「髭鯨」は、その秘密道具だ。

（『現代農業』2018年5月号）

円月殺（雑）草法の進め方

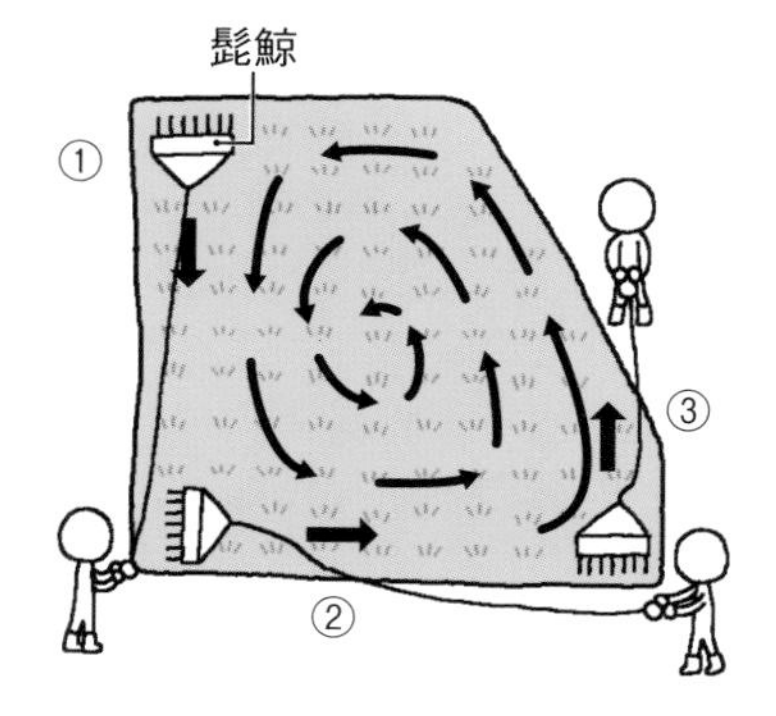

田んぼに入らず、ロープを引いて除草器を操作。株間→条間→株間……と、アゼ際をまず1周。だんだん内側へと攻めていく。髭鯨は幅1.8mあり、6条分を一気にこなせる

約1cm間隔で爪が並ぶ。ブドウ棚用の鋼線を再利用した

（依田賢吾撮影、Yも）

塩ビ管釘地獄除草器

新潟県魚沼市●山本隆夫さん

約400本の釘（コーススレッド）を打ち込んだすさまじい見た目の除草器。地表をゴロゴロ転がり草を引き抜く。多少イネも抜けるが、製作者の山本さん曰く「間引きと考えればちょうどいい」。

（『現代農業』2018年5月号）

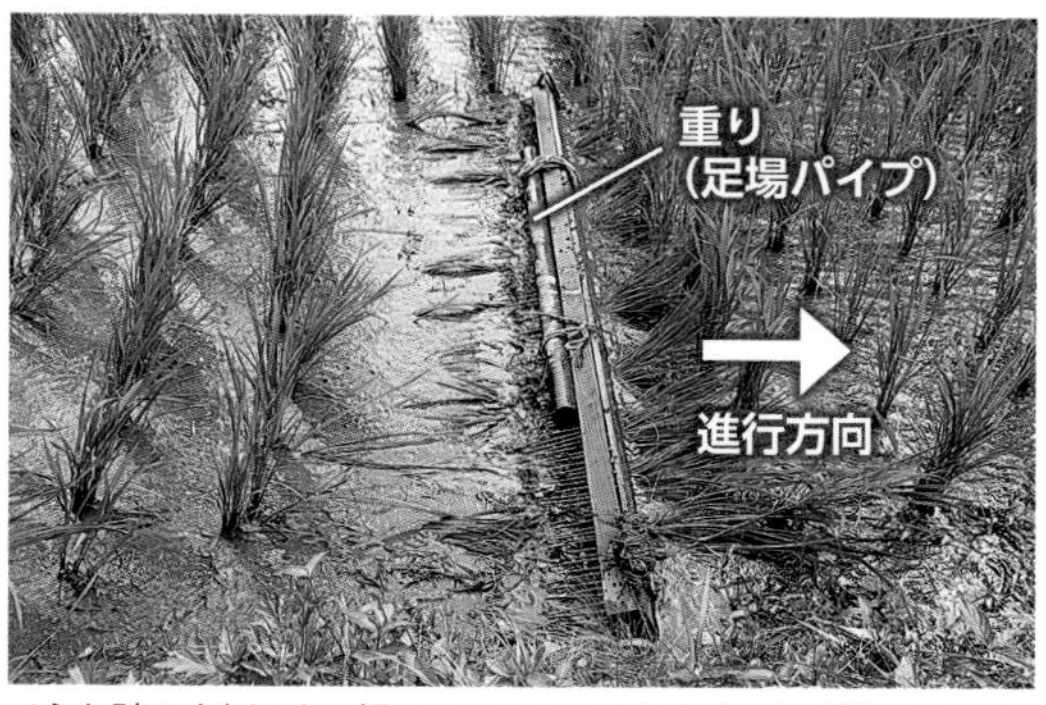

イネも踏み倒すが、朝ペタッとなっても夕方には復活。田植え後約1週間〜40日に使用（Y）

田植え機で引っ張って使う。除草器は地面の上でくるくる転がる

除草器の二重構造

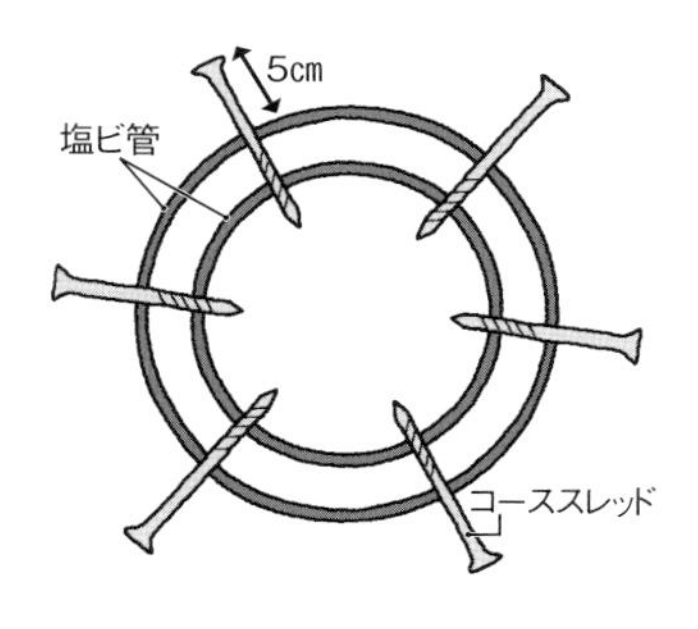

塩ビ管を二重にして釘を固定。表面から飛び出た釘の長さで除草できる草種が変わるが、5cmほどだと多くの草に対応できる

米ヌカボカシで草が生えない田んぼに

10a当たり200kgのEMボカシを、荒代後にブレンドキャスタで散布

植え代前に米ヌカ&竹パウダーボカシを散布

草がまったく生えない田んぼに

熊本県湯前(ゆのまえ)町●那須辰郎

筆者。ハンマーナイフモアでアゼ草刈り

妻が農薬中毒にかかり……

私は熊本県湯前町で、水稲100a、タマネギ47a、タマネギ苗20aを栽培しています。昭和3年生まれです。

16歳から2年間、昭和の農聖といわれた松田喜一先生の農場で研修を受けました。先生からは「地力にまさる技術なし」「稲のことは稲から学べ」などの教えを受けました。卒業後は、ずっと農業を続けています。

家内が61歳のとき、農薬中毒にかかりました。イネに殺虫剤をかけ、翌日ヒエ取りに入ったのですが、その晩から嘔吐下痢に見舞われ、ひどい目に遭いました。それから無農薬無化学肥料に取り組み、その後数年間は草取りに追われ、収量も減りました。無農薬を始めた頃からEM菌を使い始めていましたので、数年経つとトロトロ層もできて草もずいぶん少なくなっていたのですが、10年前に偶然にもEMボカシを使って、草がまったく生えない方法を発見しました。

宿根性の雑草も生えない

それまでボカシは荒起こし前に散布したり、田植え後3日以内に散布して除草効果を試してみたりしたのですが、よい結果は得られませんでした。

しかし、その年の5月、「今から無農薬をやりたい」という人が現われました。秋からの土づくりもせずに始めても「もう遅い」と思いましたが、「どうしても」と請われました。そこで、荒代まで終わった彼の圃場にボカシを散布し、ドライブハローで代かきをしました。

すると、みごとに草が生えません。ヒエやコナギだけでなく、根塊で増えるウリカワ、ホタルイ、クログワイも生えません。おそらく入水後、水田雑草に発芽のスイッチが入ったタイミングで、ボカシを均一に練り込めたからではないかと思います。

表層にボカシを練り込まれた種子は酸素不足などで発芽できなかったのでしょう。根塊については、EM菌を開発された比嘉照夫先生にお尋ねすると、「トラクタの爪で根を掻き切り、切り口からEM菌が入って発酵腐敗したのだろう」とのお話でした。

雑草にこれだけダメージを与えるのだから、イネにもある程度ダメージがあるかもしれないと観察を続けていますが、目に見えて害はないようです。

草で困っていた仲間も次々に成功

この方法を球磨自然農法研究会（15名）の仲間や、無農薬を実践する方に教えたところ、次々と成功し喜んでおられます。地元の松下建設さんでは、竹パウダーを製造し40aの水田に散布されていて、イネは健康に育っているのですが、コナギがいっぱい生えてイネの栄養を取ってしまいそうな状態でした。翌年から私の方法を実践されたら、草がまったく生えないようになりました。

県立南稜高校もこだわりの米つくりをし

出穂後のイネの株元。ボカシの効果で草が生えていない

講習会を開き、仲間が各地で実践。除草や増収に成功している

イネ刈り時にも草はまったく生えていない

筆者の米ヌカボカシのつくり方

❶米ヌカ200kg（現在は米ヌカと竹パウダー100kgずつを攪拌したものを使用）に、ＥＭ１号菌の50倍液を約15ℓかけて練り上げる。水分は、手で握って軽く固まり、指で突くとすぐ崩れる程度
❷ポリ袋に密閉して１カ月嫌気発酵させて完成

ていますが、草には困っておられました。農協の営農指導員さんより担当の鍬崎先生を紹介され、私も手伝って90ａの水田に実施したら、草が生えなくなり、収量も1俵増えました。

球磨焼酎の蔵元、豊永酒造さんも、自社の田んぼ60ａを耕作していますが、半湿田で草も種類が多く困っておられました。しかし、この方法でまったく生えなくなりました。

深水で代かきすると効果なし

さて、ボカシのつくり方は上記の通りです。使用法としては、10ａ当たり２００kgを荒代後に散布します。

このとき、水が多すぎるといけないようです。有機の田んぼに大量発生したホウネンエビを惜しんで、深水で代かきした方は失敗しました。植え代かきが深くなってはいけません。適度な水でボカシを浅めに練り込むことが大切です。

私はトラクタが沈まないようにかご車輪を付けて代かきします。できない人は、荒起こしを5cm程度に浅くしてみて下さい。ボカシが沈まずに効果が出ると思います。

ちなみに直播きで実践した方もおられますが、イネの種子も発芽しませんでした。

私たちの経験では、荒起こしのときにボカシを散布する方法では、除草効果が現われるまで数年かかりますが、植え代前なら1年目からはっきりと現われます。ニオイが出るかもしれませんが、生の米ヌカでも効果はあるのではないかと思います。

（『現代農業』２０１６年４月号）

ホントに草が生えないの!?

植え代前の米ヌカボカシ除草現場を見た

熊本県湯前町●那須辰郎さん ほか

植え代かきの直前にブロードキャスタで米ヌカボカシを散布（上野博司さん）。粉状のボカシが詰まるので、ときどきトラクタを止めて棒でかき混ぜた（倉持正実撮影、以下表記のないものすべて）

草が生えてこんとです

植え代前の米ヌカボカシ施用を11年続ける那須辰郎さん

植え代前に米ヌカボカシを反当200kg散布して土に浅く練り込むと、みごとに草が生えなくなる――。そんな取り組みを実践している熊本県の那須辰郎さん。曰く、前年まで慣行栽培で除草剤を使用してきた田んぼでも、初年度から米ヌカボカシの効果が現われるという。本当にそうなのか？

那須さんの住む球磨（くま）地方の農家に協力いただき、その様子を撮影。「大成功！」とはいかなかったが、ポイントもいくつか浮かび上がってきた。

7月5日　田植え17日後

（那須さんの田んぼ）
米ヌカボカシを反当200kg散布してから植え代をかき、3日以内に田植え。田植え後は田面が出ないよう、なるべく深く水を張っている。見事に草が生えていない

前年まで除草剤使用　上野博司さん（人吉市）

6月6日　植え代かきの直前

上野博司さんが管理する２枚の圃場。ともに昨年まで除草剤使用。Aは米ヌカボカシを反当110kg、Bは生ヌカを反当200kg散布。直後に浅くていねいに植え代をかいて土に練り込んだ

7月5日

田面が低い水尻側はある程度抑えられた

ほぼ成功

草は8割方抑えられたが、田面が高い部分や水口付近には草が散見された

失敗

前年もすごかったヒエが一面に生えた

ちょっと実験

6月6日

試験区

ボカシや生ヌカを練り込まない試験区も設けてみた

7月5日

水口付近で違いはわずかだが、試験区内は草が多い

試験区内には草がかなり多い。生ヌカの効果もあった模様

前年まで除草剤使用　宮崎勇市さん（多良木町）

6月6日　田植え2日後

4.5 aの小さな圃場に生ヌカを反当400kg散布。2日後に代かきして翌日田植え。すると、光合成細菌が繁殖したのか、田面がオレンジ色に染まった

生ヌカ散布後すぐに代かきせずに2日ほど放置したら、ハエがたかってしまったそうだが、その後、練り込んだらオレンジ色に。この日はすでにハエは消え、ニオイもなかった

7月5日

ハイイロゲンゴロウの幼虫がいた。高温や富栄養化に強いそうだ

毎年、田植え1週間後の除草剤1回で草を抑えていた圃場だが、昨年は生ヌカのみでこのとおり成功。チッソが後効きして台風で一部倒れたが、例年どおり反当7俵収穫（ヒノヒカリ）

植え代前の米ヌカボカシ施用6年目　西実良（みりょう）さん（あさぎり町）

7月5日　田植え17日後

米ヌカボカシを反当100kg施用。1、2年目は田面の高いところ（1割程度）で草が生えたが、田植えから3週間程度田面が出ないように水管理することで、ほぼ100%成功

土の状態は年々トロトロに。イネの根が深く入り、生育の中後期にかけても葉色が落ちなくなった

植え代前の米ヌカボカシ除草

成功のポイントは？

「植え代前の米ヌカボカシ除草」を昨年実践してみたという十数名の農家が、アンケートに答えてくれた。成功、失敗こもごもという印象だが、失敗した農家も含めてほとんどが「今年も試してみたい」ととても意欲的だ。取材とアンケート結果を踏まえて、成功へのポイントを探ってみたい。

散布量を徐々に減らしてもOK

まず、この技術のポイントは、入水して雑草の発芽スイッチが入ったタイミングで、米ヌカボカシ（または生ヌカ）を土に浅く練り込み、微生物の分泌する有機酸を効率よく草に効かせる（ダメージを与える）ことにある。

標準の散布量は反当200kgとしているが、6年目の西実良さん（上写真）が100kgとしている通り、菌の密度が高まってくれば、徐々に少なくしていってよさそうだ。昨年、那須さんはヘアリーベッチをすき込んだ圃場で米ヌカボカシをまかなかったそうだが、草は生えてこなかった。菌密度が高い圃場で有機物が確保されれば、ボカシや生ヌカなしでも抑えられるということだ。

ちなみに、毎年草がまったく生えないという那須さんの圃場でも、草のタネがなくなったわけではない。圃場から土をいただき、編集部（東京都港区）で水を張って放置しておいたら、典型的な水田雑草が生えてきた（次ページの写真）。

また、水は深く張ったほうがよい。那須さんも、田植え直後から苗（5・5葉ポット苗）の草丈の半分くらいの高さに水を張り、中干し前には15㎝くらいの水深を目標としている。156ページの上野さんの圃場Bでは、水尻の堰の位置が低く、田面の高い水口側が水没していなかったり、水がかけ流しのような状態だったことも、失敗の要因として挙げられそう。水を溜めて水温を確保することが、イネの根張りをよくして草の勢いを抑えたり、微生物の活動を助けて有機酸の分泌を促すことにつながりそうだ。

那須さんの田んぼの土

水を張って放置すると水田雑草が生えてきた

ジャンボタニシのいない地域でも成功

ところで、那須さんの住む九州地方は、ジャンボタニシの発生地域である。那須さんもかつてジャンボタニシ除草に挑戦した経験があるが、うまくいかずにその後は駆除し続け、今ではずいぶん少なくなったという。とはいえ、ジャンボタニシが雑草を食べている効果もあるのでは？　と考える疑り深い読者もいるだろう。

ジャンボタニシのいない地域で実践し「効果があった」というのが、島根県安来市の秦浩恭さん。那須さんの教え通りに反当２００kgの米ヌカボカシ（竹パウダー入り）を散布してから植え代をかいたところ、水口から１～２m付近以外は、草を抑えられたという（20aで実践）。今年は仲間と2人でやる予定。除草剤使用と遜色ない効果で、早めに田植えをする圃場でも実験し、水温による効果の違いも確かめたいという。

生ワラによるガスわきを抑える

一方、去年やって失敗したという人の中には、「土がトロトロになって草の出方もおとなしそうだったけど、イネの活着が遅れて田植え後10日経ってもチェーン除草に入れず、その後草が生えてきた」（京都府綾部市・井上吉夫さん）、「ワラが未分解の状態で米ヌカボカシを散布したら、ガスわきで根傷みして草も生えてきた」（山形県鶴岡市・富樫俊悦さん）という意見もあった。

那須さんの場合、12月頃に米ヌカボカシを反当１００kgまいて10cmくらい耕し、春までにワラを腐らせている。西さん（前ページ）も、寒の入り頃にディスクローターで二十数cmほど耕してウネをつくって表面積を増やし、ワラの分解を進めるという。

生ワラが残ってガスわきするとイネの生育が遅れるとともに、コナギやオモダカなどの還元状態を好む雑草が繁茂するといわれる（『現代農業』２００７年６月号280ページ「『雑草のヤル気が出ない田んぼ』が見えてきた」）。ワラの腐熟を進めたり、田んぼの肥沃度に合わせて米ヌカボカシの量を調節するなどしてガスわきを抑え、イネの根張りを妨げないこともポイントになりそう。

ちなみに、前述した山形県の富樫さんの場合、豪雪地帯なので秋作業が難しい。そこで、今年は植え代前の米ヌカボカシ除草とともに光合成細菌やニガリを散布し、ガスわきの発生を抑えようと考えているそうだ。

（『現代農業』２０１７年５月号）

本書は『別冊 現代農業』2020年 7月号を単行本化したものです。

著者所属は、原則として執筆いただいた当時のままといたしました。

編集協力　依田賢吾（photofarmer）

農家が教える
草刈り・草取り　コツと裏ワザ
刈り払い機のきほん、モア、鎌、ニワトリ、太陽熱、米ヌカ、チェーン除草など

2021年2月10日　第1刷発行

農文協　編

発行所　一般社団法人　農山漁村文化協会
郵便番号 107-8668 東京都港区赤坂7丁目6-1
電話 03(3585)1142(営業)　03(3585)1147(編集)
FAX 03(3585)3668　振替 00120-3-144478
URL http://www.ruralnet.or.jp/

ISBN978-4-540-20126-4　DTP製作／農文協プロダクション
〈検印廃止〉　印刷・製本／凸版印刷㈱